中国童装文化

ZHONGGUO TONGZHUANG WENHUA

钟漫天 等◎著

本书为江西省文化艺术科学重点研究基地中华服饰文化研究中心全国社会科学普及教育基地江西服装学院服装博物馆支持项目

国际文化出版公司
·北京·

图书在版编目（CIP）数据

中国童装文化 / 钟漫天等著. — 北京: 国际文化
出版公司, 2019.1
ISBN 978-7-5125-1073-9

I. ①中…　II. ①钟…　III. ①童服—历史—中国
IV. ①TS941.716

中国版本图书馆CIP数据核字（2018）第207708号

中国童装文化

作　　者	钟漫天　等著	
责任编辑	潘建农	
出版发行	国际文化出版公司	
经　　销	全国新华书店	
印　　刷	炫彩（天津）印刷有限责任公司	
开　　本	710 毫米 × 1000 毫米	16 开
	20 印张	238 千字
版　　次	2019 年 1 月第 1 版	
	2019 年 1 月第 1 次印刷	
书　　号	ISBN 978-7-5125-1073-9	
定　　价	98.00 元	

国际文化出版公司
北京朝阳区东土城路乙 9 号　　　　　　邮编：100013
总编室：（010）64271551　　　　　　传真：（010）64271578
销售热线：（010）64271187
传真：（010）64271187-800
E-mail：icpc@95777.sina.net
http://www.sinoread.com

目　录

前　言

　　纵观中国古代的服饰文化，因其精美、典雅、精湛、智慧的艺术特色而著称于世。其中儿童服饰文化更是历代社会物质文明与精神文明的重要组成部分。历代社会都很重视儿童的着装，可与童装服饰文化遗产媲美的是丰富的古代服饰文化典籍，最具代表的著作有宋代朱熹的《童蒙须知·衣服冠履第一》，明朝屠羲英的《童子礼·整服》，清代周秉清的《养蒙便读·衣履》。

　　雅致纷呈的历代儿童服饰，以它独特的纹样、图案、形制等服饰功能元素，展现着儿童服饰的文化内涵、生活意象及艺术美韵，并形成了以"礼仪"文化为核心，以审美与功能为文化心态的儿童服饰文化，折射出各朝代的生活方式和经济水平，显示出古代人对新生命的尊重。

　　儿童服装的造型与款式，随着各个朝代的着装礼俗而变化发展着，儿童服饰如鞋帽、肚兜、饰物却以不同时期的审美文化、民间艺术而演绎并延续着。特别是童装的工艺细节和图案纹样无不反映出其与民间、民俗、民族有着深远的渊源。中国传统民间童装的款式造型和纹样图形充分表达了长辈们对子女的期望和爱心。

　　具有上千年服饰文明的中华古国被世人誉为"衣冠王国"，而中国童装就是这座王国中一颗灿烂夺目的明珠。它凝聚着华夏大地久远的人类文化，汇集了中华各个民族的聪慧与才智。闪耀着世代的精神文明和物质文明交融之光，蕴含着上一辈对下一代的祈盼和希望。中国童装文化的有形部分存在于儿童穿着和社会生活中，而无形的童装文化则以寓意、象征的方式延续在民间习俗中。

本书将以近七百张图片形象地展示历代儿童服饰文化、儿童服饰民俗文化、儿童礼仪服饰文化、民间传统童装文化的发展历程，并对中国童装在历史文化、地域文化、民俗文化等方面的人文特质现象做了重点阐述。

　　几千年来，我国的儿童服装一直是家庭手工业的产物。到了20世纪中叶，中国始现了童装的产业雏形。直至改革开放，我国童装产业出现了根本转机，逐步形成了较完整的现代化的产业体系。

　　本书试图为抢救与整理我国童装文化遗产做出点滴奉献，祈望中国童装蕴含的文化财富，推动中国童装在继承传统文化的同时，走向现代化、科技化。

　　　　　　　（作者钟漫天，中服集团秘书长；钟琦，北京服装学院学士）

第一章 中国童装历史文化

儿童历代服饰所蕴含的民俗现象和民族感情是我国各种服饰中最生动的部分，集中了长者对晚辈的关爱和祈盼。历代童装的变革与发展主要是围绕着童装的两大基本功能演变的。童装首要具备的是防寒护体、抵御伤害的服用功能，另一个是从意念上提高孩童祛灾避邪的生命力，祈愿儿童顺利成长的民俗功能。历代儿童服装的造型与款式伴随着各个时代的着装礼俗而演变发展着，映射出不同时代的审美意识和民族服饰艺术。我们将通过古代童装、近代童装、现代童装三个部分的简述，探究儿童服装在各个历史阶段的演绎和变化，去感受在不同历史阶段中对幼小生命的呵护，聆听童装文化在每个历史时期的旋律。也可从儿童服装发展过程中去了解各个历史时代的社会制度、民风习俗和育儿文化。

第一节　古代童装文化

一般认为，中国早期历史上的儿童没有自己的服饰，儿童一直穿着缩小版的成人装，其实在古代并不完全如此。中国古代儿童服饰的整体发展与演变不同于成人服饰，是呈现自成一体的规律和脉络的。考查各个朝代儿童服饰的特点及演变规律，可以看出随着朝代的更迭，儿童服饰受到社会观念、生育习俗、文化背景等各种因素的影响，呈现出了各自的时代特征。在中国古代儿童服饰文化发展的各个历史时期，呈现出诸多新的特点与变化。具体而论，先秦秦汉时期，"服以为礼，服以为仪"；魏晋隋唐时期，"服以为品，服以为雅"；宋辽金元时期，"服以为典，服以为序"；明清时期，"服以为用，服以为市"。

中国古代儿童服饰的变化，主要是实用功能及风俗习惯上的一些变动，各朝各代根据此项总原则进行了一些有目的的取舍。梳理中国古代儿童服饰的发展脉络，中国古代儿童服饰大致呈现出如下时代特征：自商周之后主要服饰形制开始趋于上衣下裳，魏晋时期儿童服饰是兼顾分裂与融合的特征，唐代儿童服饰是多民族的杂糅，宋代儿童服饰是农耕文明的突显，辽、夏、金的儿童服饰浸染了游牧文化，明清儿童服饰是集大成者。

商周时期童装

商周时期的服装材料有皮毛、麻、葛和丝织品，在男尊女卑的商周社会规定男女儿童的佩囊饰物的材料差别很大，男童用皮韦，女童用丝缯，各表示武事与织纴。童装的传统形制一般是两种制式。一类是上衣下裳相连的深衣，深衣是将衣与裳连在一起，即衣、裳相连的制式，如图1-1中战国时期的儿童铜俑。西汉扬雄《方言》称"绕衿

图 1-1

图 1-2

谓之帱（同裙）"，注解多把衿解作衣领，从图像可见是绕襟无疑。有不少衣领作交而方折向下的形制。郑玄谓："古者方领，如今小儿衣领。"如小儿的衣领方折之，即于颈下别加一衿。

另一类是长衫和裳与绔。采用上衣下裳的形式。上衣可追溯到殷商时期，当时甲骨文、金文的"衣"字就为交领右衽的上衣形象；下裳，裙之意，即保护下体的衣服。这种形式在后来服饰形制演变中不断变化。沈从文在《中国古代服饰研究》中提到："身穿长袍，裳裙曳地……不同质料色泽花纹分别本人等级。"不仅是质料、花纹有所区分，春秋战国以来，儒家提倡宣传的古礼制，宽衣帛带成为统治阶级不劳而获却过着寄食生活的男女尊贵的象征。

战国时期，在中国服饰史上出现赵武灵王"胡服骑射"改穿胡服的历史事件。这一次的变革是出于军事与政治的需要，将西北狩猎民族的带钩、靴、裤褶等引入中原，并改去下裳而着裤。《释名》云："古有舄履而无靴，靴字不见于经，至赵武灵王始服。"靴通常是北方民族所着的，以其便于跋涉于水草之间，适应于胡人的游牧乘骑，赵武灵王也变舄履而改着靴。各国诸侯的爱好和奢俭不同，服饰演变亦丰富多彩。左衽是胡人衣式的特点，广袖想是为适应汉族服饰，从胡俗窄袖而演变过来的。裳似同现在的裙子，一般裳里面穿绔，绔就是开裆裤。战国铜人像，领与裾加缘，腰间束以钩落带较清晰。胡人的腰带，将革带下附以若干小环，以便于悬挂各种随身携带物。现已出土了许多春秋战国时的这种铜或镶嵌以金的带钩，如管仲射桓公中的带钩。图1-2青铜弄雀女孩，原物相传为洛阳金村战国时韩墓出土物，据《洛阳金村古墓聚英》摹绘。女孩梳双辫，衣长及膝，腰带间系杂佩，衣下小裙作襞积，近于辫线袄子。手中所持二雀，腰间束有玱的革带等，是典型的战国时期胡服少女的装扮。

毛织品曾是远古人民衣着和日用品的重要原料，尤其是生活在我国新疆的少数民族，早在西周时期就利用其独特的自然条件创造了独具特色的毛纺织品。新疆出土过西周时期的毛织品童袍（见图1-3），该时期用毛纺织品做成的童装，特点鲜明、与众不同，将地区特色的织品与民族风俗相结合，颇具时代特色。

图 1-3

古代小孩和未成年男女，头发多作小丫角，或称"总角""丱角"。图1-4的孩童骑兽玉佩藏于中国国家博物馆，1957年，中国科学院考古所于河南洛阳发掘，曾刊载于《辉县发掘报告》。玉佩灰白色，呈小孩骑伏兽状，小孩昂首，头梳双丫髻。人骑兽玉佩和妇好墓玉人小丱角儿，正可作为古代孩童"总

图 1-4

图 1-5

角"的说明。男孩脑门两边之发叫"角",女孩顶中之发叫"羁"。安阳殷墟妇好墓曾出土有两面像雕玉小孩,头上作丱角,是目前所见最早一种式样(见图 1-5)。

秦汉时期童装

秦汉时期纺织业已很发达,提供给童装衣用的面料种类颇多,包括丝、麻、棉等织品。长沙马王堆出土西汉初大彩俑和丝织品袍服实物,材料之细薄、刺绣之精美,都达到了极高水平,裁剪制度和楚墓彩俑还十分详尽,图 1-6 是马王堆出土汉代半红曲裾长袍罗绮锦袍,是典型的交襟深衣。

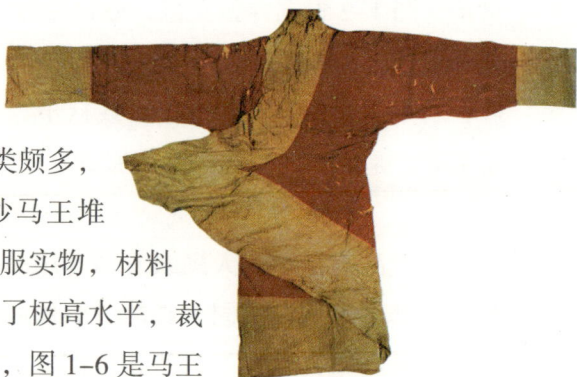

图 1-6

秦汉时期的儿童服装一般可分为外衣、内衣和下裳。外衣包括全身性的袍式服装,沿袭了深衣的基本特征。东汉儿童袍服的领子右衽低坦,常露出内衣(见图 1-7),内衣似同背心,如河南密县打虎亭汉墓壁画所绘儿童穿着的红色背心。男女童装主要通过色彩和佩饰来区分。秦汉时期婴幼儿多戴帽子以保暖头部,帽形与周边少数民族帽子近似。《说文·冃部》:"冃,小儿及蛮夷头衣也。"袍服的样式,多为大袖,袖口部分收紧缩小。汉时儿童着裤,只有两只裤管,也称"绔"或"袴"。汉代下裳分开裆裤和有裆裤两种,前裤无裆不能外用,两男孩上衣仍穿交领长衫束腰(见图 1-8)。

图 1-7

图 1-8

图 1-9

图 1-10

汉代曲裾深衣也成为最为常见的女童服式。这种服装通身紧窄，续衽钩边长可曳地，是为了掩裳的开露。下摆一般呈喇叭状，行不露足（见图 1-9），女童多为长发上拢成髻。图 1-10 是新疆出土的一千年前的小童装样式，属胡服样式。这种垂胡式的衣袖，为后来在裁制上所常用，主要是可以使肘腕行动方便。袖头作窄式，也是我国服饰的特点。汉画像石中出现的最早的儿童题材绘画，穿窄袖上衣着长裤在捕蝉的男童（见图 1-11）。图 1-12 是西汉时期铜人，穿半臂襦和大袖袍。汉时佛教传入，在文化的吸取融合过程中，佛教表现出惊人的调适性，即积极主动依附、融合本土文化，改变自身面貌。女孩多借用佛像披帛追求飘逸。饰为上衣下裳，裳拂地。如图 1-13 学琴女童着大袖深衣，披绶帛带。

图 1-11

图 1-12

图 1-13

魏晋南北朝童装

魏晋南北朝时期，战事不断，更朝换代也比较频繁。但又使得不同民族与不同地域的文化相互碰撞，产生了火花，对服饰也产生了极大的影响。当时所盛行的玄学有着深厚的哲学思想，使得当时的着装意识与服装款式都呈现出鲜明的特征：追求飘逸与脱俗，力求轻松与自然，具有优雅与随意之美。同时，受到佛教的影响，魏晋南北朝服饰在形制与纹样，甚至面料上都发生了极大的变化。

魏晋南北朝童装与其他朝代相比有鲜明的特色，北方童装大都为上衣下裳的褶服，而中原地区仍以褒衣博带为流行。秦汉时期因受到儒学思想的禁锢，服饰上比较正统保守，但在魏晋南北朝时期，玄学盛行，个性解放，人们讲究自由、开放，在服装上也追求轻薄飘逸。不仅如此，当时的玄学也成为一种时尚，儿童服饰也更追求自然，在装饰上与风格上更贴近自然，更追求返璞归真的素雅（图1-14）。男童的服装，变得越来越宽松，服装追求宽衣大袖，装束上更是不在乎袒胸、露臂、露脐等。图1-15绢本绘图所示，反映当时童装形制，男童双丫总角大袖，右襟大衫，长裙系带；女童服装也在传统服饰的基础

图1-14

图1-15

图 1-16

上做了一些改进，还借鉴了少数民族特色，如图 1-16 所示东魏出土的女孩陶俑，披露了女童在襦裙装方面的改变：上衣变短了一些，衣身变瘦了一些，领子也有了斜襟与对襟两种类型，脖颈部开始袒露出来，衣袖变得越来越窄，但在小臂处又会变宽。袖口、领口、下摆处都会包上五颜六色的边，腰间还会围上一块裳，外束丝带。下装裙子也有了很大的改变：有些裙子下摆加长，甚至拖地；有些裙子腰身甚高，裙摆增大，还加入不少褶皱，整个裙子的造型犹如一个大喇叭，在视觉上明显拉升了曲线，给人视觉上的增高错觉，使人变得瘦长。一般平民多为上襦下裤，穿着上往往不拘泥于礼法，更加率性自然，儿童的服饰上也经常袒胸露脐。《晋书》记韩伯小时候家境贫穷，韩伯母亲为小韩佰作襦（一种短衫）却无力再作裤，小韩伯只穿上衣而无裤。一般富裕人家在公众场合还要在衫或襦外面以裙笼住，再系上腰带，以示有礼。据记载羊欣十二岁时就深谙礼仪，他在睡午觉时也不像其他孩子松带解裙，而大为时人称赞。

魏晋南北朝时期，文人雅士不再受礼法的约束，行为略显开放、大胆，个性上更倾向于自我、自由、独行等。图 1-17 是《北齐校书图》，图中描绘了北齐天保七年（556 年），文宣帝高洋命樊逊、古道子等人，借邢子才、魏收的家藏古籍。榻内一人大概是樊逊，正在认

图 1-17

真执笔书写；其余三人，一人手执毛笔，一手举着刚写完的书绢似在审阅；另一人是背面，盘膝而坐，琴的一角搭在腿上，一角搭在榻上，伸右手拉住右边一人的腰带；右边一人似乎欲逃酒下榻，一童仆正给他穿靴。图画体现衣着颇具魏晋衣冠风致，表现盛夏时情形，身份尊贵者多衣着极薄，有的胸部袒露；旁边童仆衣着风格明显素朴，体现右襟大衫，长裙系带形制。

魏晋南北朝时期的童装分两类：一类为少数民族服饰，袭西北方习俗；另一类为汉式服装，承秦汉之制。这两类服装互相参照，形成你中有我、我中有你的格局，造成魏晋南北朝时期服装结构的多样性：褶有左衽，也有右衽的；衣袖有短小瘦细的，也有肥大的；衣身有短小窄紧的，也有宽松的；上衣下摆有时整齐，有时呈燕尾状。体现了胡人服饰与汉族服饰的相互渗透。最有趣的是"缚裤"的诞生。胡人的和裆裤，行动起来利索，更加适合骑马或从事劳动。逐渐汉化后，为了能在朝堂上穿着，故将裤管加大，这样即便站在朝堂上，看着像裙，抬腿走路时又可以明显看出是裤子，还便于行走。但这样的裤子又不利于行军打仗时穿着，故又将裤管轻轻提起，然后用锦带将裤管牢牢地系在膝盖之下。这就出现了所谓的"缚裤"。到了南北朝时期，很多小孩也穿这样的裤子，脚踏一双长靴或短靴，又利落又方便。这种服饰特点甚至影响了北方的游牧民族服饰。

因为战争以及民族之间的交往，服饰文化更趋丰富多样。图 1-18 在桑树下的女童上身穿裲裆衣服下着裙，男童穿左襟长衫下着褶裤。袍褶有广袖与小袖，裤也有大口和小口，由于

图 1-18

轻便之故，所以日后亦为汉族采用。裤褶虽北朝人常服，但因其轻便，故亦盛行于南朝，男女童皆服之。北周武帝时始令袍下加襕，即在袍之下加一横襕，以作为下裳的形制。《释名》云："抱腹，上下有带，抱裹其腹，上无裆者也。"裲裆，形制犹如马甲或背心等，没有衣袖，只有前后衣衫。前面的衣衫是用来挡胸的，后面的衣衫是用来挡背的，主要就是为了保证身体温暖，前后不受凉，同时也方便两个手臂行动自如。后来发展为坎肩，特别适合儿童穿着，而且男女童皆穿。

唐代童装

唐代是中国古代历史上最繁荣鼎盛时期，服饰尤其丰富多彩，纺织品推陈出新，开放的唐代民族融和，与域外文化交流频繁，导致儿童服装款式多杂，色彩斑斓。都市儿童穿着多以圆领、交领长衫长裤或小袖衫高胸裙为主（见图1-19）。大多数地区儿童穿着随意活泼，长衣下裳搭配多样，常着半臂、吊带裤、偏襟衫，足穿麻线鞋，革鞋，丝帛鞋等。头衣、发饰名堂繁琐，儿童多束双鬟髻、丱髻和回鹘椎髻（见图1-20）。

图 1-19

多元文化的碰撞，使得隋唐文化繁盛绚丽，唐代"有容乃大"的文化特征，也为这时期的儿童服饰发展留下了"多民族杂糅"的烙印。隋末至初唐，女童着装，上身往往穿小袖短襦，下着紧身长裙，

图 1-20

裙腰束至腋下，中间用细带扎系。这种装束流行了许久，并影响了东邻国家和地区。开放的心态，使唐代文化及服饰对民族文化广泛吸纳，如唐朝一度是"胡风"盛行。唐朝对胡服的热爱也体现在众多绘画、壁画、雕塑图像资料中，包括儿童服饰。（如图1-21）

持花戏鸟的儿童上身着窄袖方领短襦，下着七裥散花长裙，显示了唐代女裙高束至胸的时代特征。女童上衣为对襟小袖短襦，下穿缀花多幅大裙，以丝带束之上部。这是唐代张萱名画《捣练图》中的女孩造型（见图1-22），里穿高腰锦缎唐裙，外套直襟长袖衫，丝帛系腰，发饰为唐代丱型头即两边垂鬟中间椎髻。图1-23陶俑女童着装与前两个不同，或为贵族童仆风格，大袖襦裙，前加蔽膝，二肩有翘起的翅状，亦带有神化的装饰。图1-24是唐代屏风画。女童穿圆领长袍，腰系带，袍内有裤，着麻鞋。

唐代以儿童为主题的图像作品较前代明显增多，现藏大英博物馆的唐代绢画，使人们从中窥见儿童服饰较真实的形态，观世音菩萨左右各站一个儿童供养者，形象生动。女童上身着尖型"胡服领"大翻领开襟左衽衫（见图1-25），内着交领长袖衫，腰间系带。下半身长裤外套双色裙，脚上穿着麻鞋。

圆领窄袖袍是唐代最具代表性且最为流行的男装样式，不论等级高低、年龄长幼均有穿着，流行所及，女童也可穿用。据悉，新疆曾出土一件唐代锦袍实物（见图1-26），这件圆领袍具有浓郁的异域风情。圆领窄袖、偏襟左衽、收腰，通体联珠对鸟纹面料。联珠纹锦曾现于中国原始彩陶、殷周青铜器及早期石刻上。另种说法

图 1-21

图 1-22

图 1-23

图 1-24

图 1-25

图 1-26

源于萨珊波斯帝国，7世纪后半叶最为盛行，8世纪初逐渐淡出中国。唐代对外交往的频繁，生产和纺织技术的进步更是促使唐代童装空前繁荣。

  "背带裤"是唐朝非常流行的一款儿童服饰。在新疆的阿斯塔纳187号唐代古墓中出土的一幅《双童图》绢画中也有清晰呈现（见图1-27），两男童身着背带长裤，足履红靴。这种样式的裤子，在敦煌壁画中也有迹可寻，敦煌莫高窟盛唐第148窟壁画中演奏乐器的儿童也着背带裤（见图1-28）。据考证，"背带裤"在魏晋时期就已出现，不过当时是"背带裙"的形式，到了唐代就有不少穿着"背带裤"的儿童形象出现于各种绘画、雕塑、壁画作品之中了。随着考古工作者研究的深入，此形制的裤装在内蒙古辽墓发现实物"连脚背带绢单裤"；契丹服饰中也常见，被称为"吊敦"的连袜套裤样式。参照唐三彩的杂技俑中，表演杂技的童子们都是穿着此种裤装。唐代的儿童形象在唐鎏金婴戏纹银壶上也有绘制，颈部自上而下刻联珠纹、折带纹及蔓草纹。银壶腹部有三个莲瓣形，分别以童子为对象，生动刻画了他们玩耍娱乐的场景——斗百草、跳胡旋舞和表演杂剧。其中一幅是《童子舞乐图》（见图1-29），一童子在图案正中的立圆垫上作金鸡独舞状，左右两童

图1-27

图1-28

图 1-29

伴奏。最顶端的儿童身着开裆背带裤，其余儿童均着有裆背带裤。

裺，即今天所谓的围嘴儿，是年幼孩童必备的服饰物件。围在婴孩胸前可保持衣服清洁，有的则不着衣物，只在颈下胸前围一件裺。唐代幼童胸前戴裺的形象比较多见，如敦煌莫高窟 329 窟西龛外侧的化生童子（见图 1-30），该画面中的童子颈部戴橙色围嘴儿。

半臂又称半袖，袖长齐肘，身长及腰，唐代极为盛行，上至宫廷下至民间，无论男女均可穿用，有对襟、套头、翻领、无领等多种式样。李贺在《唐儿歌》中曾写道："竹马梢梢摇绿尾，银鸾睒光踏半臂。"该诗就是描写儿童在玩耍时的欢乐场景，儿童着半臂。唐前期尤为盛行，因半臂的衣领宽大，胸部几乎可以袒露出来，因此唐代儿童尤喜在夏日穿半臂，简单凉爽，莫高窟第 220 窟南壁阿弥陀经变画的宝池中（见图 1-31），三名童子翩然起舞，其中

图 1-30

图 1-31

有两位童子上着红色半臂小衫。

图 1-32

兜肚也叫兜兜，只有前片衣身，穿时后背裸露。儿童幼时着兜肚有保温护腹的功用。唐代的兜肚多为方形或半圆形，上缘用带子系于脖颈，中间两侧亦有带子系腰。年幼儿童在炎炎夏日可直接穿于身上温腹，方便玩耍且舒适（见图 1-32）。随着唐代经济的发展，丝织工艺进一步提高，丝绸品种及纹饰比前代明显增多，因此唐代儿童服饰经常使用带有图案的面料制作。晚唐时期，儿童服饰的面料已经开始出现丝织品。

唐代的"套头衫"也是一款很流行的具有"多民族杂糅"特色的儿童服饰。它是一种圆领长袖或短袖服饰。唐代的儿童图像中，常常见到此款服饰。据考古发现，唐代石刻艺术品四川巴中南龛石窟 68 号洞窟中的"鬼子母龛造像"（见图 1-33），此石像中的

图 1-33

"子"们，身上都穿着"套头衫"。此服饰在唐代的墓室壁画中也多次出现。新疆的扎滚鲁克墓中也有出现。

唐代儿童服饰不仅承袭了魏晋隋等前朝的儿童服装形制，伴随着唐代经济与文化的迅速发展，多民族的相互融合也在加剧，唐代儿童

服饰又增加了许多新的流行样式，如背带裤、套头衫、胡服、肚兜等。唐代的儿童服饰在吸纳各民族服饰精华的基础上，制作更加注重实用性，以符合儿童生理健康发展的要求，其简洁舒适，易穿易脱，体现了唐代人对儿童的爱护及爱心。同时，唐代的儿童服饰也为后世儿童服饰提供了较丰富的款式基础。

五代十国时期童装

五代时期童装大体上沿袭隋唐形制。由于五代十国国家分裂，社会动乱，童装遂趋向收缩与简约。比如女童上衣从宽衣大袖变为小袖及紧腰细裙，并将裙裥改为多皱褶，时称"纤裳"。五代时仍传承披帛授巾习俗。十国时代童装差异较大，有交领、圆领，半袖、全袖，短衣、长衫之不同。五代时期审美时尚也从唐代的"肥美"逐渐趋向"形美"，皆以贴身修长为时尚。

图 1-34 持花五代女孩服饰呈现纤柔风格，上衣着半臂衫，下裳为裤装并饰以丝帛。女童身穿一件典型的五代"纤裳"，交领、小袖，裙摆流畅。图 1-35 中女童衣着圆领长衫，衫内有裙，裙内有裤，发饰为唐时的双鬟，是一种早期的"妹妹头"。图 1-36《韩熙载夜宴

图 1-34　　　图 1-35　　　图 1-36

图》中手持柄扇的书童着小袖袍，腰部饰革带与围腰。

宋代童装

这一历史时期，服饰成为人们人伦世俗、文野之别的重要标志。宋代统治者在百姓服饰穿着上做了很多规定和限制，但对儿童服饰不加制约，多彩活跃的童装成为宋代服装的亮点。宋时犹以不束带为不敬，欧阳修《归田录》记载："陶尚书谷为学士，尝晚召对，太祖御便殿，陶至望见上，将前而复却者数四，左右催宣甚急，谷终彷徨不进，太祖笑曰：'此措大索事分。'顾左右取袍带来。上已束带，谷遂趋入。"是君不束带，则失见大臣之礼，故不敢进。陆游《老学庵笔记》亦云："散腰则谓之不敬。"盖古人于袍之外不再加衣，而袍又宽博，散腰则衣襟汗漫矣，故曰不敬也。

宋代延续上衣下裳形式的古人着衣法，童装的特色是上丰下俭；上衣款式繁多，有襦袄、长襦、短衫、带衩、褙子等，褙子又分长袖、半袖、无袖。襦有袖头，长短一般至膝盖，有夹的、棉的，通常衬在外衣里面。衫是没有袖头的上衣，通常是单衣，凉衫披在外面，其色白，所以叫作凉衫或白衫。在衫的下摆可以接一副横襕，称为襕衫。褙子也常常作为女童的常服。宋代的刺绣技术也广泛应用于童装，它通常施于服饰的各种附属物件上，如抱肚、裙裤、履袜、裹肚等。小儿陶偶为宋代七夕日各家都要摆放的"摩睺罗"，也称作"磨合乐"。本是佛经中天龙八部神，在宋代变成民间祈福的孩儿。

图 1-37

图 1-37 中的孩子着宋时男童服，上穿紧袖短褐，下身穿长筒窄裤。宋代定窑烧制的郎中之"脉枕"男孩枕（见图 1-38），该孩童着宋代典型童装，上褐下裤，外套无袖半臂。宋代下裳以裤为主，女童也着裙。童服面料有丝绸、棉帛、麻纺等。儿童发饰多样，有博焦（鹁角）多髻、三搭头（不狼儿）等发型（见图 1-39）。

图 1-38

宋代儿童服饰，相较于唐代的浓艳色调，变得更为淡雅。宋代儿童服饰的这种色调转变，也与宋朝的社会经济、政治、文化的发展关系密切。宋朝建立后，非常厚待士大夫和文人，这也培育出注重自身道德修养且追求"雅"的士大夫阶层。宋朝的服饰审美也从唐代的浓艳、开放，转变为淡雅、内敛，儿童服饰更是表现出农居生活的舒适与随意。

图 1-39

宋代，农业劳动生产率超过了以前的任何一个朝代，因此"农耕文化突显"的特性也渐渐渗透影响到儿童服饰领域。宋代儿童服饰的图像资料，多见于瓷器和绘画上的"婴戏图"，这些图像描绘童装真实而细致。宋代"婴戏图"，首推翰林图画院侍招李嵩，他是一位描绘儿童极细致的画家，其代表作《货郎图》的独特之处（见图 1-40），就是描绘农村的乡土景象。苏汉臣的《货郎图》画作中有十二个儿童的形象，从服饰上看这些儿童穿着随意，服装款式多样，多是上衣为对襟衫或交领衫，男童下身着裤装，女童下身着裙装，裙内着裤，穿用起来极为便利。小孩脚上一律穿短筒靴，服饰整体非常随意、简单（见图1-41）。市民聚居的街市坊巷，有各种手艺人小商贩叫卖推销，便利居民。专为小孩子而准备的商品玩具和娱乐项目，其中傀儡子和影戏是最受儿童欢迎的。当时傀儡有许多种，如提线傀儡、药发傀儡等。影戏则在街头为儿童玩弄取乐，项元汴《天籁阁旧藏宋人画册》中及苏汉臣作"百子嬉春"扇面，均有婴戏形象画。

宋画中宋代孩童的头饰相对集中。《宋史·五行志》载：宋理宗朝时，童孩削发，必留像大钱大一些的头发于头顶左，名之曰"偏顶"。或者留之于顶前，束以丝缯，像"博焦"的形状，或称之为"鹁角"，女孩稍大即作若干小髻的装束。李嵩笔下的农村儿童多穿着质朴，这也是其"婴戏图"的特色。图1-42是苏汉臣的"童趣图"，其发饰为若干小髻式，如周密《齐东野语》中所说的："又一满头为髻如小儿"，其《武林旧事》载："搭罗儿"者，即孩子在初凉时所戴的小帽，以帛缕圈于额发上如发圈。图1-43中四个孩童下身皆为长裤，上身款式多样，有长衫、褙子、短襦等。图1-44中孩童有的头顶围着一圈皮毛；有的孩童则围一圈如锦缎织物，皆于所戴搭罗儿之式相符。此外，宋朝儿童服饰中"胡服"的图像也在"婴戏图"有体现。如苏汉臣的《货郎图》中的儿童头戴"搭罗儿"和"抹额"。衣服和帽子上用皮毛做装饰，脚上着靴子，这些是胡服的物征。有关儿童生活的题材，传世的就有"百子图""秋庭戏婴图""二童赛枣图""婴儿斗蟋蟀图""婴戏图""拍球图""货郎图"等，都做得十分生动活泼，富有生活气息。衣着由头到足，也提供了许多不同式样，可补文献不足。

图 1-40

图 1-41

图 1-42

图 1-43

图 1-44

图 1-45

　　宋代如此多的《婴戏图》中展现的儿童服饰，远比唐代丰富。除了短衫、裤、肚兜、背心等常见服饰外，整体服饰更显得实用、简洁（见图1-45）。农村孩子的服饰体现着农耕文明的随意、宽松、质朴的特色，反映了宋人在生活中安定、恬淡的心态。

辽夏金元时期童装

　　辽夏金元时期的儿童图像资料比较有限，但从少量的雕塑、壁画、绘画中，我们还是能够简单窥见此时期儿童服饰的游牧文化特征。如元代存世不多的"婴戏图"中的《元同胞一气图》中有三个儿童图像（见图1-46），三个皆身着毛皮半臂装饰，头戴毛皮搭罗儿，着靴子。毛皮饰物就是游牧民族的典型服饰特征。此外，元代佚名绘制的《夏景戏婴图》《秋景戏婴图》和《冬景戏婴图》系列作品中，在其描述秋天儿童庭院嬉戏、品瓜的场景中，儿童就身着圆领的窄袖袍，腰上系着皮革腰带，脚上穿着皮靴子。

辽、夏、金、元是北方少数民族在中原建立的政权，这时期的童装既有本族的服装也有汉族的传统服饰。因北方寒冷，儿童大都以长到脚踝的袍服为主要着装，长袍分棉、夹、单以适应不同气候，但不管哪种袍服都用革带或丝带束腰（见图1-47）。上衣斜襟多为北方民族的左襟习俗，童鞋以革履为主，分低腰和高腰，多为短靴。发型也多是北方民族的髡发形式，即剃去头顶上部头发，或留四周一圈，或留耳边两缕，或留额前及两鬓三络（见图1-48）。

自五代起，草原上的游牧民族再度开启大规模入侵中原农耕文明的模式。一时间，除了北宋政权，女真、党项、契丹等游牧民族也纷纷建立王权，渐渐形成了辽、夏、金与北宋、南宋对峙的局面。13世纪蒙古族崛起于大漠，建立了第一个由游牧民族统治中国的政权元。因此，这些政治背景使得此时多民族共存，游牧文化盛行。儿童服饰也呈现出游牧民族所特有的粗犷、大气的特点（见图1-49）。游牧民族喜欢"逐水草而居"，服饰上多着长裤和靴装。儿童服饰中的游牧文化特征非常明显（见图1-50）。辽夏金元时期儿童服饰多为短袖开襟短衫（见图1-51）、圆领窄袖袍（见图1-52）、长裤、皮毛帽（见图1-53）、靴子等。

图 1-46

图 1-47

图 1-48

图 1-49

图 1-50

图 1-51

图 1-52

图 1-53

明代童装

明代立国后，驱逐外族的统治者，农业生产得到迅速发展，人民生活也日益趋向稳定。明代统治者遂恢复唐宋以来的汉族服饰，童装多见长衫、短袄、袼衣等上衣和裤裙下裳。男童女童下裳多着裙服，男童衫内还套裙。其面料优劣差距较大：家境富有者多用丝织品，家贫则用棉布做衫裤。如史书记载：明崇祯帝命其太子、王子着平民儿童装束避难，便是青布棉袄，紫花布袼衣，白布裤，蓝布裙，白布袜，青布鞋。

图 1-54

明代时期的儿童图像资料非常丰富，品种也非常丰富。如绘画、陶瓷器具、雕刻、年画、织绣作品，等等。"婴戏图"类的绘画作品中的儿童服饰多细致而生动，陈洪绶的《婴戏图》（见图 1-54）中的儿童，多上身穿交领短衫，下身穿长裤，腰间系着带子，还有的儿童带着

抹额的装饰，上身着右衽半袖短衣，里面衬短袄，下身系长裙，髻作双垂髻。上衫下裤是明代男孩常用穿着。图 1-55 中男童上穿宽袖无领对襟短式印花布衫，下穿开裆大脚裤。明代男孩夏季常以"肚兜"为外衣（见图 1-56）。肚兜原为内衣，古称"亵衣"，到明代趋向外衣化。男童女童通用肚兜，仅是花色不同。

图 1-55　　　　图 1-56

关于农与商的面料使用，明初就有规定，如洪武十四年（1381）令："农衣绸、纱、绢、布，商贾止衣绢、布，农家一人为贾商者，亦不得衣绸、纱。"事实上商人实际生活水平高于农民，有条件穿得好一些。由于明统治者继续尊奉理学，故礼序要求十分严格，服饰冠服等级区分鲜明。图1-57中农家大人、小孩都穿交领短衣，裤只齐膝，戴斗笠，牧童披蓑衣。斗笠用青竹篾编成，其中夹入棕或笋壳等，形制

图 1-57

与后世大同小异，其大多用于雨雪时，为劳动人民所戴。蓑衣是一种雨具，以草编织为之，形制与后世相似。

明代恢复汉人执政后，童装多趋汉装，并以右衽服为正宗。如图1-58是明代传世的年节穿的右大襟窄袖童袍，身长1.18米，衣料花纹为葫芦纹，取"福禄吉庆"之意。明代女童服饰（见图1-59）是典型的上襦下裙，时称"襦裙"，腰中系长组条装饰，女孩发饰在双髻下饰发鬟。图1-60的百子图服装在明代完全恢复了传统文化中的特定含

图 1-58

图 1-59

图 1-60

义。由于"百"含有大或者无穷的意思，因此把祝福、恭贺的良好愿望发挥到了一种极致的状态。

清代童装

清代在满族人进关执政后强推满族服饰，但在民间则"老降少不降"，即平民必从满俗，但童幼可穿唐宋传统古服。在此时期，由于商品经济的发展与多种文化的冲击，仪礼对服饰的规范与约束力大大减弱，进而使得服饰的逐步商品化、市场化成为趋势。清代，商品经济更加繁荣，城市也渐渐繁华起来，服饰上少了许多政治或制度层面的限制，渐渐形成既传承了前朝儿童服饰精华，又融合了封建王朝的满族服饰的特征，呈现出满汉民族文化融合的特色，也呈现出"集大成者"的儿童服饰特征。故清代童装在习惯、款式和色彩方面都体现出满汉服饰交融、习俗相通的局面。清代女童以马面裙为主，晚清女裙开始简化，女童着旗袍式上衣，初时，旗袍的袍身大多比较宽松肥大，后逐渐缩小。而南方多以传统长衫袄与裤搭配，在衫袄外面加束腰带便于玩耍活动。

图 1-61

清人在服饰制度上坚守其满族旧制。北方寒冷易致手冻，马蹄袖则可卷上、掩下，上卷便于弓射及操作，掩下则可保护双手免受寒气侵入（见图 1-61）。其他如衣服上都用纽扣（明代虽有，但不全部施用），这在衣服的使用上确是方便得多了，而且衣襟的形式也可以有所变化。尤其在领的部分，后期服

图 1-62

图 1-63

饰在形制上有了不少的变化。

清代男童在长衣袍衫之外,上身都加穿一件马褂,马褂较外褂为短,长仅及于脐,康熙以后穿的人日益增多（见图 1-62）。马褂有长袖、短袖、宽袖、窄袖,对襟、大襟、琵琶襟诸式,它的袖口是平的,不作马蹄式。清代的马甲又称"坎肩",坎肩一般着于袍外,与马褂作用相同,长袍搭配马褂或坎肩是近代中国最典型的传统男童着装组合（见图 1-63）。早期多为贵族穿服,到了后期便人人都可穿了,而且还有皮质马甲的出现,颜色的使用也日趋多样,但多数人还是喜欢穿传统颜色的马甲。如江南苏杭地区一带,黑色马甲曾流行一时,且引以为时髦,不过很快就改用他色。儿童在夏天穿的白布汗褡儿（夏天贴身穿的中式小褂）,有小立领、挖领（无领）等样式,但以大襟的为多（见图 1-64）。着长裤时,清代儿童惯于与短衫、短袄或马甲相匹配穿服。清代的鞋有薄底和厚底两种,但一般薄底居多。其鞋脸都较窄,有方有圆,质地以丝缎、呢绒、深色布料为多。

图 1-64

图 1-65

清代的"婴戏"绘画作品中,如图 1-65 所示焦秉贞的《百子团圆图》中,儿童嬉戏场面里,儿童均着圆领短衫和裤装，腰间系着带子，头上戴着抹额。还有肚兜、对襟短衫、靴等，这些款式在宋元就已出现，但清代在面料品种、花色上都更加丰富，呈现出"集大成者"的特征。清代儿童服饰正是满汉服饰融合的体现，既有汉服的特征，也有满族游牧民族的特征。年末及笄之少女，做额覆，谓之"前刘海"。额旁挽一团髻，其状如蚌中未出之珠，所以叫作"蚌珠头"，并以珠翠、花朵（白兰花）等插于髻旁以增美态（图1-66）。年轻的姑娘将发一分为二，左右做成空心像蜻蜓两翅者。幼女的幼发垂额貌。这一时期汉族女童依然多采用上衣下裙的样式（图1-67）。当时的女童服饰外形以直线为主，袍身较以前更为宽敞，下摆多盖住脚面，领子在清末出现了"元宝领"（图1-68）。清末上海等江南地区流行的服饰依然沿袭传统服装形制，袍衫、马褂、袄裙等是当时的主要款式，服装造型平直宽大，依然讲究刺绣、镶、绲、嵌等工艺，并强调性别标示和身份标示的功能（图1-69）。

清代马面裙是以数幅缎面结合而成的长裙，这个平幅裙门俗称"马面"。在平幅裙门和裙摆上有各种精致的刺绣花边或镶、滚、拼贴工艺装饰。女童服饰依照"男从女不从"法令，头饰仍梳汉族传承千年的丫髻发型，上着圆领窄袖绣花短衣，下穿汉族传统的百褶绣花裙（图1-70）。图1-71是清末民间儿童的大襟上衣，均用如意云头做领部装饰，全身满绣，运用镶嵌滚工艺，也常常用对襟上衣（图1-72）。男童的服饰相对单一，夏装还有些色彩和变化，可是天气一凉，夹袍或棉袍一上身，男孩子可就成了小大人儿了。照例外边是大夹袄（长袍款式），里边是中式小褂儿（即汗褟儿），大裤腰的夹裤，还得用腿带儿将裤脚绑起来，这样显得利落（图1-73）。

清末童装的发展处于
静止状态，森严的衣冠制
度是与清朝封建制度相伴
相生的。虽然在晚清的社
会动荡及外来文化的冲击
下有所动摇，但并未触及
其根基，直到民国时期才
从根本上发生了变化。

图 1-66

图 1-67

图 1-68

图 1-69

图 1-70

图 1-71

图 1-72

图 1-73

第二节　近代童装文化

　　1911 年辛亥革命把长达两千年的封建社会赶出了历史舞台。在这个特定的新旧交替的历史背景中，我国童装进入了一个混杂、改良的新时期：反清的或是保皇的，维新的或是守旧的，西洋的或是东方的，时尚的或是传统的，孩子的穿着成为社会变革大潮中的一面镜子，反映出大动荡时期两种文明猛烈碰撞下的儿童服饰特征。图 1-74 中儿童依旧穿着清末时期的服饰。图 1-75 茶馆里唱戏的时尚孩子已经是上袄下裤的短打扮了。

图 1-74

图 1-75

　　辛亥革命成功使中华童装从整体上摆脱了延续上千年的古典服饰的束缚，进入了中国童装的近代发展阶段。中华民国成立以后，中国延续了两千多年的封建帝制及其衣冠制度也随之瓦解。西风渐进，存在了千年的旧制分崩离析。中西并存，新旧杂陈成为民国时期服饰文化的最大特点。与此同时，过年过节时的儿童装束给民众生活带来了浓郁的民俗色彩，如虎头鞋、虎头帽、百岁锁等留下了那一个时期的祝福（图 1-76）。除了民间百姓中民俗童饰（如虎头帽、虎头鞋）继续传承外，这一时期的儿童服装受到国内新文

图 1-76

图 1-77

化和西方、东洋文化的影响，出现了近代童装"混杂糅合"的格调。图1-77是当时童装的真实写照；老大上身是传统的长衫，下身是长裤，留着西洋发型。老二穿时尚的大翻领上衣和工装裤，头戴现代棒球帽。坐在童车里的老三上衣是新式毛衣，下裳是传统背带连脚裤，头戴太阳帽。一家三个孩子的着装反映出民国时期东方、西洋合璧，传统、时尚混搭的近代童装风尚。

随着清政府的垮台和封建政治管制的放松，民国初年女子时装开始摆脱传统文化强加在她们身上的枷锁，大胆地挑战腐朽的束胸审美观。近代最初的窄腰款式就是从女学生的蓝布旗袍开始的，活泼好动的年轻女子可能会选择短一些的旗袍以适合跑跳运动。女童也大都穿改良旗袍或是上衣下裙，上衣多以右襟盘扣衫，裙类形式多样。

武昌起义的枪声打响后，剪辫是革命胜利的象征被强制推行。裹脚陋习也一并废除。作为和陈腐传统决裂的一种象征，有文化的家庭，以女子不缠足为文明的象征，越来越多的女孩也敢于以天足步入学堂（图1-78）。儿童自幼小时的缠足半途放弃，放脚后被戏称为"白薯脚"，尽管如此，放足行为还是成

图 1-78

为民国初年城里人的时髦。这一时期服装行业的设计理念虽然较浅薄，但社会环境的改变使中国消费者对西式服装的需求不断增长，其影响范围逐渐扩大，因此儿童衣服的款式也多了起来。

图 1-79

图 1-80

图 1-79 是林徽因 1916 年在北京培华女子中学读书时与同学的合照。十二岁的林徽因身着学生装；黑色中式上袄，具有经典的立领中式元素。西式百褶过膝长裙，黑色长袜，光亮的小皮鞋，简单大方，素雅清新。那时的学生校服以单色为主，或蓝或白，清纯可爱。（图 1-80）张爱玲和姑姑的合照中身着比较经典的旗袍样式，衣身呈直筒状，低开叉，短袖，立领。

1929 年，民国政府（南京国民政府）公布了《服制条例》，对男女礼服、制服做出规定。按照规定，女性校服分为两种：一是蓝色长袍，齐领（即立领），前襟右掩，长至膝与踝的中点；二是袄与裙，袄为浅蓝色，长仅过腰，袖长刚过肘，敞口呈喇叭状，裙为黑色，长及脚踝。前一种多见于老照片中，而后一种则是时下以民国时期为背景的影视剧中最为多见。男生多为改良版的中山装，以黑白两色为主，直立的翻领，利落、刚毅，翻盖口袋分列两侧，成为民国学生的

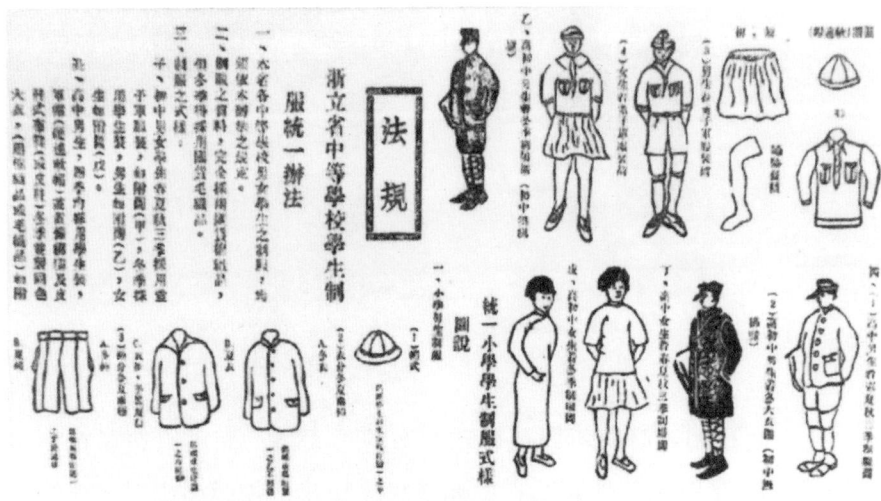

图 1-81

标配（图1-81）。

以北平男童为例。小孩有的留小平头，穿豆青色的绸子大褂，脚穿童皮鞋（图1-82）；有的穿蓝华达呢的小大褂，着白绸裤，绑腿带；有的穿灰色仿派力司料子的小大褂，西服裤，青年式五眼小皮鞋；有的光头，只穿一套白市布的中式裤褂；有的留着小分头，穿件西式白汗衫（图1-83），蓝布的背带兜兜裤；有的穿一套学生服，青力士鞋；极个别的留个小分头，戴六合帽，穿长衫马褂，脚上穿一双小花袜子，再加上一双奶白色的小皮鞋（图1-84）……

图 1-82

图 1-83

图 1-84

再看女孩们：身穿不同色彩和图案的小大褂，面料以花洋布为多（图 1-85）。穿旗袍，外套毛衣，脚穿花袜套儿，扣旁祥或丁字祥的小皮鞋或布鞋（图 1-86）；个别的有穿西式服装，毛衫，小红凉鞋或红边的小白凉鞋，就好像 20 世纪 20 年代儿童歌舞剧《月明之夜》《葡萄仙子》中的"快乐之神"一样，显得格外出众。多数女孩留日本式的"孩发"，长短不一，还有的用火剪烫成了波浪式，齐刘海（图 1-87）。当时的童装还流行背带式裤、裙，男童着背带裤，女童穿背

图 1-85

图 1-86

图 1-87

带裙（见图 1-88）。

图 1-88

儿童是一个家族的希望，女性长辈寄予在儿童身上的期望无不彰显在为其缝制的每一件服饰上。富裕些的家庭，成人的衣服部分由裁缝店和作坊制作，但儿童的服装仍是由母亲缝制为多。20 世纪 30 年代旗袍流行开来，儿童旗袍成为当时女孩子必备的节日礼服，"至少有一件旗袍"是这些个女孩子的追求。母亲们也尽量满足孩子的爱美之心。但是一件传统旗袍的制作过程是很耗时的，特别是盘、嵌、镶、滚的传统技艺。母亲们也会给孩子一些惊喜，常常在旗袍的袖口、下摆等边缘处运用绲边的手法为单一的款式增加亮点。传统的旗袍面料多为丝绸、棉、麻等，传统的儿童旗袍款式一般具有以下几个突出特征：立领、不破肩、不收腰、下摆开衩低、盘扣，等等。图 1-89 展示的是短款及膝斜襟儿童旗袍，搭配面料图案与色彩设计制作的贴绣相得益彰。盘扣是旗袍中极具民族特色、匠心独运的点睛之笔。手工盘扣最常用的是一字扣，与旗袍整体风格统一。

图 1-89

图 1-90

图 1-91

图 1-90 是双开襟儿童旗袍款式，用料要比斜襟省一些。袖型设计有短袖、七分袖、九分袖和长袖，考虑到儿童天性活泼好动且发育快，袖子较成人的尺寸宽松。图 1-91 是一件长款直身儿童旗袍，真丝印花面料。20 世纪 20 年代旗袍由宽

大腰平逐渐向窄身收腰发展，从 30 年代开始的衣长至足也逐步缩短到膝盖部位，到 40 年代趋于简洁，镶嵌工艺也不再像之前那样的繁复。

童子军服

1912 年 2 月 25 日，严家麟先生参考英美童子军的教育形式，组织 16 岁以下的 60 名男孩在武昌文华书院图书馆举行宣誓仪式，成立了"中国童子军"第一支队。由于武昌是辛亥革命的首义之地，又居全国经济、地理中心，随后各地童子军组织蓬勃发展起来。1926 年 3 月 5 日，国民党中央青年部认为童子军是"青年运动最好的工具"，于是通过了一项统一领导的决议，由中央青年部创办"中国国民党童子军"。中国童子军大体上可分为幼童军（一般为 8~11 岁）、童子军（一般为 12~18 岁）以及女童子军、海军童子军数种。此后民国各中、小学校都有"童子军"组织（图 1-92），每年四月四日儿童节也多以"童子军"的活动为中心（见图 1-93）。童子军服的设计虽然是成人军装的模式，但又不是完全照搬，而是将少年儿童的朝气、活泼与成人军装的威武、严肃融合在一起，使之更加艺术化、装饰化、稚气化，基本上符合了"少年少扮"的审美观。男童制服特征（见图 1-94）：童子军帽子形似船形帽，夏天着短袖、短裤，裤外露白色长筒袜，系领巾（图 1-95），长袖衬衫前胸两个口袋，两个斜袋，两个后袋，附有童子军军徽皮带扣，黑色无花纹绑带平底鞋，穿着十分精神。海军童子军有着独特的海魂童子军服装（见图 1-96）。20 世纪 30 年代教育部规定初级中学生以童子军服装为学生制服（图 1-97）。女童在帽子造型上与男童有所区别，也有着裙子配高筒袜，带领巾，也有做肩章，上衣系在裙或裤里面，着黑色鞋扣裢，皮鞋，袖章（图 1-98）。

图 1-92

图 1-93

图 1-94

图 1-95

图 1-96

图 1-97

图 1-98

小红军着装

在中国近代史中，从1927年土地革命到1937年国共合作抗日的十年被称为"红军时期"。当时很多少年儿童在革命思想的感召下踊跃参加红军，成为名噪一时的"小红军"（见图1-99）。他们戴着红军八角帽，穿着不合身的大人军装活跃在"小号手""小交通""小宣传员"的战斗岗位上。小红军的着装把少年儿童的朝气、活泼与成人军装的威武、严肃融合在一起，使小红军更具使命感和革命性（见图1-100）。特别是在红军的长征路上，颈上系红领巾，腰上系腰带，"红小鬼"和红军战士一样出生入死，走过了举世闻名的两万五千里长征。

图 1-99　　　　　图 1-100

人教版九年义务教育五年制小学第七册《语文》课文《倔强的小红军》中描述了陈赓将军和一位小红军的故事（图1-101）。艰苦的长征途中，简陋的物质条件使得革命根据地的红军和百姓自制军服；头上的八角军帽缀着布质的五角星（见图1-102），穿棉布军服，穿草鞋（见图1-103），打绑腿，服装颜色青、灰、蓝不一。很多上衣由大人服装改缝，则肥大过长（见图1-104），

图 1-101

图 1-102

图 1-103

图 1-104

小红军的典型着装已经成为近代中国革命史中少年儿童的一种精神、儿童服装史中的一个亮点。在极端困难的年代，中式大裆裤和土法染就的粗布军装，都是小红军的衣着特色。

抗日小八路

1937 年 8 月中国工农红军一、二、四方面军改编成"国民革命第八路军"，一直到 1947 年 10 月，《中国人民解放军宣言》将八路军改称中国人民解放军。在这十年中，中国人民经历了伟大的抗日战争。1938 年 6 月，毛泽东主席号召"儿童们起来，学习做一个自由解放的中国国民，学习从日本帝国主义压迫下争取自由解放的方法，把自己变成新时代的主人翁"，当时不愿当亡国奴的少年儿童纷纷加入八路军、新四军，投入到抗日的烽火中（见图 1-105）。"小八路"们为赶走日本侵略者、夺取抗日战争的胜利立下了不可磨灭的功绩（图 1-106），创造了可歌可泣的英雄业绩，在抗日战争中写下了光辉的篇章。图 1-107 是两个 15 岁的小八路着装

图 1-105

图 1-106

图 1-107

拍摄于张家口。他们的军帽制式均为直筒圆顶围式，即直筒式帽墙，平面圆帽顶，带弧形帽檐和帽围。帽围前端成坡状，后端齐帽顶。帽围两端靠两粒下纽扣结合在一起。帽围可以放下，后半部可达脖颈，起到护颈、护耳的作用。军服面料有粗布（土布），有细布（洋布）。

图 1-108

抗日儿童团是广大抗日根据地在抗战中成立的儿童组织（图 1-108），儿童团的主要任务是学习、生产，同时也肩负着"站岗放哨""侦察敌情"等任务。他们的服装亦民亦军，有条件的地区做统一服装（见图 1-109），没有条件的各自为装（见图 1-110）。

图 1-109

图 1-110

第三节　现代童装文化

在 1949 年新中国成立后，社会制度发生了翻天覆地的变化。现代儿童服饰也发生了巨大的变迁。50 年代的苏式服装、60 年代的中山装制服热、70 年代的"文革"军绿、80 年代的改革开放、90 年代的外来风，都直接影响着儿童的穿衣风格。儿童服饰的材质从"粗布衣"发展为"的确良"，色彩则从蓝、灰、黑等单调色彩发展为多元色。款式在中山装、西装、旗袍外，各种流行时尚童装层出不穷。很明显，儿童服饰有着自己鲜明的历史印记，让我们看到了时代的进步，人们着装思想的变化。随着童装审美观念的转变，中国儿童服装业开始了突飞猛进的发展。

特别是在改革开放初期，党中央号召全社会关心三亿以上的少年儿童。1984 年时任国务院副总理的薄一波专门接见童装设计师，要求"把孩子们打扮得花枝招展"。从 1978 年到 2000 年，改革开放仅仅 20 多年，中国童装就从量变到质变发生了根本的转化。

建国初期

新中国建立初期物资短缺，城镇儿童服饰受两个方面的影响。一是效仿干部服、军服的样式，如冬季服装基本上以长至膝盖的棉大衣为主，颜色大都为灰色和深蓝色（图 1-111）；其二是受苏联服饰文化的影响，儿童也流行穿"列宁装"（见图 1-112），这种款式翻尖领、双排扣、斜插袋，还配一条布质腰带。另外女孩子还热衷异国风情苏式连衣裙，译名"布拉吉"（见图 1-113 前排左四女童）。苏联大花布也是童装的必选面料（见图 1-114）。白衬衫、蓝色裤的男童装（见图 1-115），和白衬衫、背带裙的少先队队服（图 1-116）是在校儿童较为流行的服装。广大农村孩子的穿着，基本都是由农民家庭自织粗布（或买布）手工制衣，做鞋（图1-117）。当时全社会都把缝补衣裤和鞋袜作为日常家务中不可缺少的一部分。

图 1-111

图 1-112

图 1-113

图 1-114

图 1-115

图 1-116

图 1-117

票证时期

从 20 世纪 50 年代中期起，因为物质匮乏、自然灾害等原因，棉布严重供不应求，当时执行凭发放定量布票保障社会供给稳定的政策。人们买棉布或者日用纺织品凭布票（见图 1-118），只满足了广大民众的基本生活消费。"票证经济"下也就形成了朴素、实用、色彩单一的着装风格。为了节约，当时的儿童服饰首要标准是要做到耐磨与耐脏，故黑、灰及蓝色成为童装主导"流行色"。特别是在 60 年代初，为了抵制资产阶级的"糖衣炮弹"，有点色彩的衣服都不敢穿，唯恐扣上"小资情调"的帽子。童装的样式千人一面，童装的色彩千衣一色，童装的面料四季一种。家家户户为孩子做一件新衣裳时，都要考虑"老大穿了老二穿，老二穿了老三穿"。若是独生子女就在做新衣时故意做大一些，孩子身体长大一些还能穿。穿着上下都打着补丁的衣裤，在当时是司空见惯的。儿童着装习俗遵循着"新三年，旧三年，缝缝补补又三年"的民间着装惯例（见图 1-119）。由于缺布少料，出现了一种"假领"（见图 1-120）。既能保护外衣领口，又节省布料（见图 1-121）。广大农村孩子大多是中式对襟衣、缒裆裤。我国的布票发行

图 1-118

图 1-119

图 1-120

图 1-121

于 1954 年，直到 1984 年布票才彻底退出历史舞台。纺织品由凭票定量供应转变为敞开自由供应，为童装的发展奠定了物质基础。

"文革"时期

1966 年，在"文革"极左思潮下，"红卫兵"崇尚军绿，全国形成儿童素扮、少年老扮的一统格局。"文革"时期在校的中小学生几乎人人参加了红卫兵（见图 1-122）和红小兵（见图 1-123）组织。随着"文革"这股政治风潮，在儿童服饰领域也有了"违忌"，除了不能穿西装与旗袍外，稍微花哨点的衣服都会被人们批判，视为革命的"叛逆者"。儿童服饰朝着款式统一、色彩单一、男女不分、年龄也不分的"怪圈"发展，也就是所谓的穿绿色军装代表积极参与"文化大革命"（图 1-124）。"中华儿女多奇志，不爱红装爱武装。"为了标榜自己的革命性，红卫兵、红小兵开创了"革命童装"的"尚武"阶段。其典型着装是一身绿军装，胸佩毛主席像章，臂戴红袖标。头戴绿军帽，腰扎武装带，脚穿塑料鞋，佩戴红色毛主席语录（见图 1-125）。有的还为出门串联增加配饰，如军用挎包（俗称"军挎"），军用水壶等（见图 1-126）。有条件和没有条件的孩子都时兴尽量多求几件"革命童装标配"。甚至连幼小的孩子都要束皮带、拿刀枪显示自己（见图 1-127）。

到了 20 世纪 60 年代后期，童装又由陆军装转化成海军装，几乎都争着穿海魂衫，那种蓝白相间的横条纹随处可见（见图 1-128）。海魂衫在当时是各国水兵们贴身穿着的衣物，蓝白相间的水纹寓意浩瀚的大海与蓝天，水兵们穿着这样的衣服显得精神抖擞（见图 1-129）。

当年，参军是一件最光荣的事情，很多孩子做梦都想自己能上军舰当海军，所以海魂衫一度成为孩子们的喜好与情感寄托（见图1-130）。

图 1-122

图 1-123

图 1-124

图 1-125

图 1-126

图 1-127

图 1-128

图 1-129

图 1-130

70 年代的儿童服饰使用了"的确良"这一不容易起皱、结实耐用的新布料。这种新型布料的传入，最大的亮点是告别了色彩单一灰暗的时代，迎来了颜色艳丽、不易褪色、容易干、不用烫的新的视觉冲击。

图 1-131

图 1-132

在那个缺少电风扇、空调散热的年代，儿童有一件"的确良"衬衫穿在身上既凉爽又有范儿，还是彰显洋气与时髦的打扮。在花色"的确良"的引导下，给沉闷的单一色调的童装带来了春天的光彩，当时童装界开始流行了花格布，获得很多女孩子的追捧（见图 1-131）。一时间从春夏到秋冬格子花布都占据着童装市场（见图 1-132）。

改革开放时期

自 20 世纪 80 年代改革开放以来，我国童装产业逐步复苏。首先是我国 3 亿儿童的穿着问题得到了国家领导人的高度重视，1986 年时任国务院领导在大连视察工作时特别关怀童装工作，并指出"你们大连童装在全国是很有名气的"，时任全国政协主席的邓颖超同志也赞扬大连童装厂为全国儿童福利事业做出了很大贡献。童装设计师李加祥获得国家最高奖赏"全国五一劳动奖章"。

从 1980 年到 2000 年，二十年来，随着我国改革开放步伐加大，我国儿童服装产业发展迅猛，国内市场的环境为我国童装业的发展创造了更为广阔的市场空间。

改革开放的步伐带动儿童服饰向多样化发展，此时的人们已经开始觉醒，发现爱美之心人皆有之，在美面前是人人平等的，穿衣戴帽也是个人主观的选择，与意识形态的好与坏没有必然联系。于是人们试图摆脱单一古板的服饰形式，更加追求服装的色彩与款式。人们的穿衣风格与国际越来越接轨，如80年代末期，出现了"牛仔"狂潮，男女儿童，甚至学龄期儿童，都喜欢穿着牛仔布制品（图1-133），深蓝色或墨黑色的牛仔布，耐脏、耐穿、结实、时髦等特点使得它深受孩子家长的喜好与推崇。为了在改革开放新形势下引导儿童服装消费，1982年我国第一届儿童生活用品展销会在北京展览馆举行（见图1-134）。为促进学生服的设计，1983年3月11日轻工部在北京展览馆举办了全国学生服造型设计选样展览会。全国有28个省、自治区、直辖市的服装设计部门参展，选送服装近千件。童装企业也纷纷引入国外先进缝纫与绣花设备。如南京童装二厂当时首家引进了电脑编制程序机和电脑控制的六色自动换线绣花机。

图 1-133

图 1-134

随着 90 年代西方奇装异服的闯入，人们追求差异的意识更进一步，儿童服饰受港澳台地区影视的影响很大。男童喇叭裤，尖头皮鞋，均是大人服装的缩小版。女童也模仿妈妈穿踩脚裤，也叫"脚蹬裤"（图 1-135）。它因裤脚下连着一条带子或直接设计成环状而得名。这种裤子一般带有很大弹性，下半身的曲线完美暴露，成为 90 年代初期女孩子共有的"时装"。这个时期童装变革的步伐比成人服装大得多，当时曾被打入冷宫的旗袍首先从儿童旗袍开始复苏（见图 1-136）。由于童装新材料、新技术、新工艺不断涌出，许多儿童服装设计师根据儿童处于发育期、活泼好动的特点，设计了不少新款儿童服装，而且引进了一些境外品牌儿童服装。童装产业进入多样化和专业化的时代。如有专门用于儿童锻炼身体的运动服，专门用于御寒的滑雪衫，贴身的针织内衣等。90 年代以来我国服装设计专业人才大量涌现，儿童服装、学生装越来越被社会所重视，全国各种有关童装的交流活动、设计比赛活动以及童装博览会，都在见证着儿童服装的迅猛发展和社会关爱儿童的文明步伐。如郑州服装工业集团 1990 年召开新闻发布会，第一次推出了童装太空棉服装。1996 年 9 月 17 日，北京市教委、北京服装协会、上海市教委、山西服装研究所、中日学生服饰文化交流协会、日本驻华大使馆及中日友好协会等单位在北京东城区图书馆共同举办了中日友好学生服饰文化

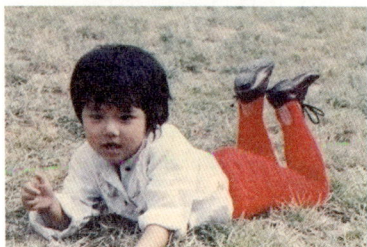

图 1-135

图 1-136

交流。广州市召开了'96 国际童装交易
会。1997 年全国青少年"枫叶杯"服
装设计大赛在杭州举行，黄李勇、扬
思坚的男女冬装分别获一等奖。1998
年 6 月中国服装研究设计中心童装分
中心在中国"童装之都"浙江湖州举
办全国首次童装流行趋势研讨会（见
图 1-137）。1998 年 9 月"织里杯"全
国儿童服装服饰设计大奖赛在湖州举
办（见图 1-138）。1999 年 12 月首届
都市女孩服饰风采大赛在北京举办。

图 1-137

图 1-138

我国自 20 世纪 80 年代到 90 年代
末，整个国家的面貌发生了巨大的变
化，各项事业蒸蒸日上。童装研究、设计、生产体系逐步完善，带动
了儿童服装领域的全面进步。同时传统与时尚的尖锐矛盾也令人担忧，
焦点是现代服装工业生产下的童装，民俗含义几乎不复存在，母辈一
针一线的温情也难再寻。那一件件栩栩如生、可爱至极的民间传统童装
不复存在。在现代童装中化纤织物充斥市场，母辈的针线女红也变作机
绣，也不再有那些童年回忆中的寓意丰富的图案纹样。每个历史时期都
有过渡和重叠，传承和改良，儿童服饰也无不受经济、文化以及宗教、
民俗的影响。当代童装产业如何将传统美与时尚美，传统文化与现代文
化融于一体，形成中国特色的儿童服饰艺术，是未来童装值得探索的话
题。为了普及中国童装千年的优秀传统，我们将在下面几个章节中分别
介绍中国传统童装的民俗文化、礼仪文化和母亲女红文化。

小常识

少年先锋队队服简介

我国最早在 1924 年第一次国内革命战争时建立了"劳动童子团"（见图 1-139）。第二次国内革命战争时期，中华苏维埃政府建立了"共产主义儿童团"（见图 1-140）。在抗战时期的 1937 年，建立了"抗日儿童团"（见图 1-141）。解放战争时期，1946 年解放区建立了"儿童团"，敌占区建立了"地下少先队"（见图 1-142）。中华人民共和国诞生后，1949 年 10 月决定建立"中国少年儿童队"。1953 年 6 月更名为"中国少年先锋队"（见图 1-143）。建国初期 1949 年的队服为西式白衬衣和蓝制服裤。夏天男生为短裤，女生穿裙子（见图 1-144）。1985 年全国少先队开始试行新型制服，在 1995 年举办中国少年先锋队新式队服设计大赛（见图 1-145）。1996 年 6 月 1 日起正式推出新型制式队服。中国少先队鼓乐队自建队以来一直没有规定服装，1989 年共青团中央在全国各地的要求下，设计推出了不同的鼓乐队服，同时推出了指挥服（图 1-146）。

图 1-139

图 1-140

图 1-141

图 1-142

图 1-143

图 1-144

图 1-145

图 1-146

第二章 儿童服饰民俗文化

童装民俗文化，是指华夏民族在长期的生产实践和社会生活中逐渐形成并世代相传的较为稳定的童装民俗事象，可以简单概括为民间流行的童装民风与习俗，比如民间注重繁衍后代、家族人丁兴旺的传统观念。在民俗发展过程中，儿童服饰中的"连生贵子"纹样或是"榴开百子"图案便承载着、传达着这些社会文化心理。通过童装民俗文化，体现了人们祈求多子多福、子孙健康、聪明的美好愿望。

　　儿童服装所蕴含的民俗事象也是我国民俗中最丰富、最生动的部分。童装民俗文化的主体反映了长者对晚辈的呵护、关爱和祈盼。表达出民族的兴旺和母性的伟大，成为我国童装文化的精髓。

　　童装民俗文化广泛存在于孩童的生活方式和母亲的手工技艺中，所以童装民俗文化的表述包含物质文化和非物质文化两个部分。物质文化存在于日常儿童穿着和传统着装中，如童帽、童鞋、肚兜、围嘴，以及衣裤和配饰，它们既是儿童日常生活服饰用品，又是童装民俗文化的载体；而非物质文化则以寓意、映射的方式隐于人们的习俗中。它们是表现民俗文化的符号系统。它们既是服用功能性的能指符号，又是民俗文化性的意指符号，两者共同构成了"民俗、使用功能一体化"的民俗文化符号系统。它们早已成为民间世代相传、约定俗成的群体认知。如人们熟悉的"望子成龙""盼女成凤""麒麟教子"等等。

童装民俗文化由于受到传统道德、文化传承、礼仪规范、地域文化等各方面的影响，形成了多姿多彩的表达形式。大都通过群体互助意识、谐音文化、寓意图案或吉祥文字的装饰来表达人们祈盼孩子平安、健康、福气的心理趋向。如给新生儿戴上一百个姓氏的人为新生儿边祈福边打的"百姓结"，给孩子穿上从人丁旺盛的人家讨来的"利事衣"，或在童装上饰以多个柿子、大橘子的纹样，取"柿"音为"事"、"橘"音为"吉"，寓意"事事大吉"。有时加上如意图案，进一步表达了希望孩子"百事如意"的心愿。

　　在封建社会中，简陋的生活条件、频繁的自然灾害、疾病等各方面原因使得幼儿死亡率极高。大自然中各种无法抗拒和躲避的灾难、疾病，给家庭与孩子带来烦恼和忧愁，常被人们归为邪气。人们为了使孩子能够平安长大，依靠童装中的民风习俗为孩子辟邪驱魔，祈求幸福和长寿。在民间，逐步形成了一系列能给儿童带来平安和福气的共识。比如山西地域的"兽鞋"是普遍认知的为孩子驱邪降魔的服饰民俗。山西"兽鞋"形式多样，工艺精细，有"虎头鞋""狮头鞋""狗头鞋""猪头鞋"等。这些物种被认为或是生命力极强，或是在自然界威武霸气。孩子穿上这种兽鞋，既能让这些猛兽镇魔压邪，护卫儿童，也期望孩子如同这些动物有着同样的生命力。

　　童装民俗文化之所以能长久传承在人间，完全依赖母亲们不断地结合民俗和实用功能需求去进行再创造，由于原创的参照点与文化传承的同根性，它真实地保留了从远古先民那里传承下来的民族文化元气，从而形成童装整体的艺术风貌和造型特色。它也成为我国极可宝贵的民族文化遗产的一部分。

童装民俗文化也可称为母亲的艺术，是女性以针与线来体现的艺术形态。中国民间童装的女红艺术语言是温情的、母性的，她来自母亲的情感，给儿童生活注入了不可或缺的母性情怀。中国女红艺术在童装习俗与儿童生活方式的表现，是母亲基于反复酝酿与揣摩后一针一线创作的艺术结晶。从更深的层面来看中国童装民俗文化，还显示出古代女性社会群体强烈的生命动感，受原始思维和天人合一双重因素影响，体现出浓郁的生命哲学意味，折射出中华民族传统的人生观、艺术观与价值观。

非物质文化遗产的研究方向给童装产业文化重新注入了生机，使其在内容与形式上得到了充分的重视。从这一角度出发，现代童装产业的设计领域需要融入这种传统民俗文化艺术符号，使现代童装文化更具有传承性、文化性、民族性等。

第一节　百家保子习俗

民间流行给儿童穿的"百家衣"大都为幼童百家衣（见图 2-1）。一般在婴儿诞生后，就由产妇的亲朋好友们到四处乡邻中索要五颜六色的碎布块。据载旧时谁家生了孩子，都会给邻居乡亲们发送染红了皮的"喜蛋"。他们用木盘子托着煮熟了的红皮鸡蛋挨家挨户馈送。收到红喜蛋的家人，就会拣几块自家缝衣服剩下的布头儿，放在木盘里送还。这样，生孩子的家人就会收来许多各色各样的布头儿。家庭巧妇将其剪成一样大小的各种几何形状，然后用针线把布头儿缝接起来，拼缝成衣料片（见图 2-2），用来做保障幼童的衣、鞋、被等。

拼布，即对接碎布的"百家衣"艺术形式，在中国有着古老久远的历史进程，最早可追溯到山西侯马市出土的三千年前周代武士跪像的袼褙纳底鞋。俗称千层底的纳底鞋是由多层袼褙缝纳。每块袼褙是由多块破旧的织物对接拼合而成（见图 2-3）。袼褙是拼布艺术的原始形态，直至唐代出现了拼布文化的最高形式——保佑孩童的"百家衣"。

百家衣以"母亲下传女儿"的形式，通过妇女之手代代传承下来，成为民间普及性极高的一种手工艺术。在山西晋中一带，孩子的百家衣是由家庭中德高望重的女性——老奶奶背负小孙儿像行乞一样走街串巷，到各家讨取小布块，乡间称为"讨百家"。寓意可以享受百家福，将来孩子托百家福定会出人头地。百家衣是拼布艺术在中国传统服饰中的典型代表。儿童服饰中的精巧有趣的拼布造型"百家衣"（见图 2-4）深得民间喜爱。

百家衣的民俗是如何形成的呢？大致有四个缘由；一是祈求孩子存活。农耕社会的医疗条件十分落后，乡村更是缺医少药，新生儿的成活率极低。特别是在婴幼儿时期，孩子最易受染患病。各种传染病的爆发不仅会造成婴幼儿的死亡，也给不同年龄的孩子带来致命的伤害。民间认为若穿上百家衣就会聚集百家的福运，一起保障孩子祛病除灾，共同与死神抗争。俗间常常会把两岁左右孩子的百家衣再转给别的孩子穿，因为孩子已经健康长到两岁，说明该孩子穿的百家衣具有一定的"神力和福气"，可以去保佑更小的孩子渡过鬼门关。当然两岁的孩子也可以向大一些的孩子讨要百家衣穿（见图2-5）。人们认为这种形式的接续与交换不仅能"衣尽其用"，也使百家衣具有"福祉共享"的功效。

二是民间习俗认为小儿越贫越贱越好养活。除了用"狗剩""粪蛋"等烂贱的名字外，还要穿用旧碎布、破布头拼凑成的百家衣，犹如乞

图 2-1

图 2-2

图 2-3

图 2-4

图 2-5

图 2-6

图 2-7a

图 2-7b

丐穿的浑身补缀的"百结鹑衣"（见图 2-6）。这样孩子犹如卑微的乞儿，风餐露宿，不怕受冻挨饿。民间认为不怕摔打的孩子才抗得住病魔，就不会被阎王爷拖走。百家衣一般穿到十二岁，因民间习俗认为儿童长到十二岁时基本上有了一定的抵御能力，可以应付灾厄与邪祟了，也就不再借用百家之手来保护了。按照古老风俗，孩子顺利长大后，父母要向当时给过碎布凑百家衣的人家，送还一块够做一件衣服的面料。"得之碎布、还块衣料"的百家衣民俗，也反映出"滴水之恩，当以涌泉相报"的中华美德。

第三个原因是祝愿新生儿将来长命百岁。孩子在成长过程中难免经历种种疾病、灾难与伤害，这些大都会直接影响孩子的寿命。人们认为孩童穿上百家衣后好像戴上了"护身符"，百家衣能将各家寿星的阳气、福气集于一身。当孩子被病魔妖惑时，自然而然地得到众多寿星仙气的捧护，保佑孩子长命百岁。为此老百姓尤以收集到长寿老人做寿衣的边角衣料为最为荣耀，具有长寿老人边角衣料的"百家衣"被荣升为"长命富贵衣"。鉴于旧时"人活七十古来稀"的说法，父母最大的心愿是孩子"穿了百家衣，活到七十七"。

第四个因素是结缘佛门，以佛家无量功德来保佑孩子健康成长。佛教僧人"苦修"时，不贪求穿着，用别人丢弃的旧碎布片，密缝拼缀而成衣，通称为"百衲衣"（见图 2-7a）。此与"百家衣"同出一辙。孩子犹如穿了"百衲衣"一样能够借佛力祛病化灾。所谓"百"，指一件僧衣用的小布料块数多、色彩多；所谓"衲"，是指缝缀细密，精致绗纳。僧人自称"老衲"或"贫衲"，即由"百衲衣"而来。在佛教文化中"袈裟"为典型的"百衲衣"。先是将整片布裁割成一块一块，然后再用针缝缀成片，亦称为"割截衣"或"杂碎衣"。鉴于百衲衣是模拟水田的阡陌形状缝制而成。世田种粮，长养法身慧命，堪为世间福田，所以又叫作"田相衣""福田衣"。

除了让孩子穿"百家衣"来效仿犹如佛家"百衲衣"外，家长往往将体弱多病的小孩舍在庙里，求神、佛庇护。孩子出家进佛门认师父皈依"三宝"（佛教谓"佛、法、僧"），成为佛门弟子。此时家人要给师父做一双僧鞋，鞋底要装进小孩的一撮头发，然后举行个拜师仪式，师父回赠一个拼布的佛门"百家垫子"（见图2-7b），成为"记名弟子"。到了十来岁再举行"跳墙"仪式，表示"还俗"。凡是到佛教寺院拜过师父的小孩，谓之"跳墙和尚"。要给小孩做大领的小长袍穿：夏天做件豆青绸子的大领中褂，春、秋做件茶青色的大领夹袍，冬天做件黑布或蓝布大领的大棉袄，不用纽袢，而用飘带。在鲁南，娇贵之孩有认僧、道为干爹的习俗，或者寄名，俗称"舍在庙上"，要戴僧冠，穿僧衣，叫小和尚名，意味着已经舍给佛门道观了。这就相当于出了家，交给了佛门，尘世中找不到他们的身影了。鬼神邪魔再来加害时，就会受佛法保护。

民间信佛者还认佛祖是幼小孩子的保护神。旧时，有的家庭一连夭折了几个孩子后，便把男孩子送进寺庙让僧人们代为看管一些日子。父母认为孩子出家为僧了，会受佛保佑便再也不会夭亡了。也有的家庭舍不得把孩子送到寺庙，就让孩子穿僧人的衣服。穿他们的衣服，相当于让孩子出了家，俗世凡尘除了名，鬼神邪魔再来加害时，也找不到他们了。于是，类似僧人百衲衣的"百家衣"成为保护儿童的"保护伞"得以流行。中原孩子的衣服多采用"和尚领"，也是这种佛门习俗的遗风。

其实无论哪种原因做成的百家衣都有集百家福气、收佛道仙气的寓意。在百家衣里，母亲的一针一线隐藏着深深的慈母之爱，人们的一块块碎布传递着满满的和谐之情。

拼布形式的儿童百家衣的品类多样，寓意多种。宋代画家苏汉臣的"婴戏图"着色鲜润、体度如生，因此备受推崇。他画的《长春百子图卷》中就有幼童穿着百家衣嬉戏的（见图2-8），衣服的形态竟然与民国时期的百家衣非常相似（见图2-9）。由此可见，虽然每一朝每一代的审美各异，但这种拼接连缀的百家衣拼布形态超越了千年的时间界限，传递出国人亘古不变的对新生命的祈福，也传承了传统童装中的拼布艺术。

图 2-8

图 2-9

后来由于战争、天灾等因素，很难从多家集攒布头。虽然制作"百家衣"的材料也并非来自百家，但儿童百家衣的拼布技巧和拼布艺术却日趋完美。在各种碎料的色彩搭配上，尽量选用一些高饱和度的鲜亮布料，多用红、蓝、绿等。红色是一种辟邪的颜色，被百姓视为可以消灾驱鬼，最为常用。又因"蓝"谐音"拦"，只要有蓝色的布块，妖魔鬼怪就收不走孩子，所以蓝色的布块很受欢迎。但是，一般人家不轻易给紫色的布头，因为紫谐音"子"，谁也不愿意将子送给别人家。人们求讨碎布片的重点户是姓刘、陈、程的人家，因为谐音"留"下、"成"人等，更具有吉祥的意愿。

陕西民间端午节给儿童穿的百家衣五毒拼布坎肩，则是用红、黄、蓝、绿等彩色布块将"蛇、蝎、蜈蚣、蟾蜍、壁虎"这五毒围绕其间，寓意辟邪驱灾，以毒攻毒。所以百家衣在用色上也饱含着对儿童健康成长的美好祝愿。

图 2-10

清末民初的百家衣多以肚兜（见图2-10）、童帽、小袄褂和马甲居多。在我国近代民间，一旦婴儿出生，娘家素有送童帽的习俗，做童帽的布料，必须是从各家各户讨来的布头，俗称"百家布"。认为戴了"百家布"做的帽子，会百病不侵，平安少灾。图2-11这顶童帽刺绣着花卉、瑞鸟等图案，绣工活泼，整体为多色布料制成，童帽前面缀

图 2-11

着长命富贵银帽花。小袄褂一般采用
带襟右衽式（见图2-12）。衣襟下边
免缝作为藏魂之用，可预防小儿受惊
吓时魂飞魄散。民间经常采用以少替
多的"百家衣"形式。比如从三户人
家取来的绣片排成品字形马甲（见图
2-13），相当中国文字中的"众"字。
三人成众同样能够获得众家之手的捧
与福。有的在儿童围嘴上面直接绣"百
家锁"的图案（见图2-14），借用"百
家姓"的寓意捧护佑孩子健康成长。
不同形式的百家衣，积淀了无限的风
俗民情，也蕴藏了长辈的爱心与情愫。

图 2-12

图 2-13

儿童"百家被"也是传统童装中
拼布文化形态的一种，同样在为孩子
祈求平安和吉祥。民俗中的"百家被"
非常"较真儿"，必须使用一百块布片
缝制，才能具备百福祥瑞、长命富贵
的寓意。为凑到一百片碎布，一方面
挨家挨户地向众乡邻乞讨碎布片，一
方面在平日有意识地积攒碎布。将布
块剪成方形或菱形、六角形、长条形
等各种几何形状，再按不同颜色搭配
组合拼缝制成被面（见图2-15）。孩

图 2-14

图 2-15

子白天穿百家衣，晚上盖百家被，百家联手祛病化灾，保障孩童长大成人。

　　百家衣虽然作为中国的传统习俗至今已流传千年，但到了近代，百家衣是否对孩子有益众人却颇有微词，特别是医者认为在收集各家的破旧碎布时，同时带来了各家的病菌和痼疾。据说乾隆皇帝就怀疑过百家衣。乾隆总是内疚自己不能像圣祖康熙皇帝一样子孙成群绕膝，直到后来才发现其中蹊跷，因为他的几个皇子都是穿了互传的百家衣，才染上天花而夭折的。

第二节　衣饰教子习俗

中国文化的源头——《易·系辞传》曾谈到"垂衣裳而天下治"，把服装鞋帽和修身治德关联起来。中华童装同样传承了教子训儿的社会功能。父母期望通过孩子的衣饰穿着，从小赋予他们良好品行和道德修养。

南宋著名的思想家、教育家朱熹（见图2-16）继承了孔子"正心修身"的教育目标，提出的教育方法即是从儿童的衣服冠履开始进行童蒙之学。以"圣人之德"或"贤人之学"为培养目标，让孩子从小就懂通过衣服冠履也能达到"修齐治平"的人生境界。

图 2-16

朱熹专门编著的《训学斋规》是为培养儿童"正心修身"的启蒙读物，也称为《童蒙须知》。朱熹主张对儿童的行为进行全面的严格规范，并从以下五个方面来训导：衣服冠履第一，言语步趋第二，洒扫涓洁第三，读书写文字第四，杂细事宜第五。各篇都做了十分细致的规定。从现代教育的观点看，虽然限于封建礼俗，有些繁文缛节，但合理的成分颇多，非常有利于启蒙儿童自觉形成陶冶身心、涵养德行的训诫。《童蒙须知》开篇即为"夫童蒙之学，始于衣服冠履"。他在第一篇《衣服冠履第一》中写道："大抵为人，先要身体端整。自冠巾、衣服、鞋袜、皆须收拾爱护，常令洁净整齐。我先人常训子弟云：男子有三紧，谓头紧、腰紧、脚紧。头，谓头巾，未冠者总髻。腰，谓以绦或带束腰。脚，谓鞋袜。此三者，要紧束，不可宽慢。宽慢则身体放肆，不端严，为人所轻贱矣。凡着衣服，必先提整衿领，结两衽纽带，不可令有阙落。……凡脱衣服，必齐整折叠箱箧中，勿散乱顿放，则不为尘埃杂秽所污。仍易于寻取，不致散失。着衣既久，则不免垢腻，须要勤勤洗浣。破绽则补缀之。尽补缀无害，只要完洁。凡盥面，必以巾帨遮护衣领，卷束两袖，勿令有所湿。凡就劳役，必去上笼衣服，只着短便，勿使损污。凡日中所着衣服，夜卧必更，则不藏蚤虱，不即敝坏。"

古人也很重视从小在孩子的穿着上培养他们勤俭的品德。明朝时期，吕坤（字叔简）在《蒙养礼·儿食》中就曾指出："提抱之时，止是布衣，毋令受热。盖饥寒，小儿安乐法；饱暖，小儿疾病根。至于才能行步，便是花帽锦衣，缀以金珠，不止利其财者有不测之虑，而自小惯习华饰，稍长岂能布衣？且将厌旧喜新，骄奢暴殄，必以恶终矣。此难与昏愚父母道，爱子者必能知之。"吕坤强调孩子小时候就"花帽锦衣"，从小娇生惯养，长大后便"骄奢暴殄"极易走向祸害。明朝时期，民间还流传着一本对女子进行道德教育的书《女儿经》，书中明确表示："能针黹，方成人。衣服破，缝几针。……衣服不必绫缎，梭棉衣服要干净。"

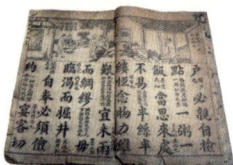

图 2-17

图 2-18

被毛泽东称为地主阶级最厉害的人物曾国藩，一生奉行程朱理学，他特别欣赏《朱子治家格言》中的名句"半丝半缕，恒念物力维艰"（见图 2-17）。就是衣服上的半丝半缕线，也一定要想到它们来之不易。曾国藩同样严格要求自己儿女克勤克俭。咸丰十一年（1861）八月二十四日，曾国藩给小女儿的信中云"衣服不宜多制，尤不宜大镶大缘，过于绚烂"。曾国藩的儿女亲家、湘军儒将罗泽南也是清代理学大家，他吸取朱熹思想，对儿童服装表达了自己的修身哲理。罗泽南在《小学韵语》（见图 2-18）一书中写道："童子之年，不衣裘帛，洁其衣裳，正其服色。冠垢则漱，衣垢则洗，亵衣与衾，不见其里。不服红紫，不饰绀缬，服之不衷，致灾之由。"在这里，理学大家罗泽南直接提出了儿童服装的贵贱、洁净、色彩、装饰与人生前途的关系。

在中国服装史上的几个历史事件，不乏以衣育童的故事。服装史上最著名的儿童励志故事莫过于"孟母断织教子"（见图 2-19）。我国古代的衣服全是家庭自给自足。一件童装从种棉、纺纱、织布到裁剪、缝制都是母亲双手操劳。孟子的母亲是一个非常会教育孩子的伟大

图 2-19

女性。孟子小时候厌倦学习，有一天他不愿读书，就逃回了家。孟母正好在织布，见他逃学，一句话没讲，就把织着的布剪断了，这意味着马上将要织成的一匹布全毁了。孝顺的孟子非常害怕，忙跪下来问："您为什么要这样？"孟母告诉他："读书求学不是一两天的事，就像我织布，必须一寸一寸地才能织成一匹布，而布只有织成一匹了，才可以成为能做衣服的有用之材。读书也是这个道理，如果不能持之以恒，像你这样半途而废，长大后怎能成为有用之材呢？"孟子听母亲一席话后恍然大悟，不仅体会到母亲织布做衣的艰辛，也懂得了一件衣服从织布到成衣的来之不易。从此一心向学，再也不随便旷课，后来终于成了天下有名的大儒，继孔子而成为"亚圣"。后人为了更直观地教育儿童，常常将"孟母断织教子"的故事绣制在儿童着装上（见图 2-20）。

图 2-20

古代也经常用小时候母亲为孩子做童衣的母爱来教育下一代要有孝德。耳濡目染的诗句"慈母手中线，游子身上衣"，是唐代孟郊的名句。表现了夜已很深，母亲还在油灯下为孩子一针针一线线地缝衣裳。清代史骐生写的"父书空满筐，母线尚萦襦"和彭桂的名句"向来多少泪，都染手缝衣"都描述了母亲把对孩子的爱一针一线地缝在孩子的衣服中，让孩子们从小就感悟孝道。

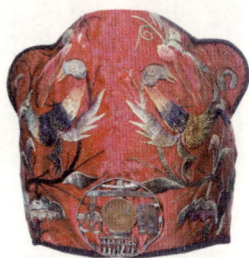

图 2-21

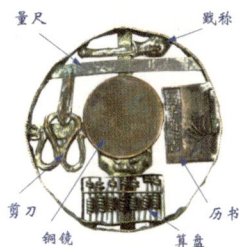

图 2-22

儿童教育是各个时代、每个民族、不同地区共同关注的问题。很多地区用童装的形制和装饰，潜移默化地教育子女。如江浙一带有种称为"小盘装"的女童帽（见图 2-21）。其特征是帽前镶上一枚银质的盘饰，盘上刻有算盘、剪刀、镜子、量尺、戥秤、历书等女子"六德"图样（见图 2-22），教育女孩子从小要懂得精打细算（算盘），裁剪制衣（剪刀），梳洗洁净（镜子），勤于织布（量尺），心正善良（戥秤），按章应时（历书）。在女童帽前面银盘饰的两边绣着一对凤凰，意味着照这"六德"标准，女孩长大后必将成为"凤凰来仪"。这里没有文字构成的教科书，而是通过图纹传递着文化道德信息，女德教育始终伴随着孩子健康成长。在温州，婴儿满月时举行的"封手"服饰礼仪，也反映了传统道德观念。仪式上，家长用红布带将婴儿的双手分别系起，给孩子穿上缝合袖口的衣衫。男孩封左手，女孩封右手，寓意孩子以后能易于管教约束，规规矩矩做人。

民间还相传一个爱国教育故事。那是明朝末年，吴三桂引清兵入关。国家民族生死存亡的关头，兵部尚书史可法死守扬州，孤军抗敌，不幸城破身亡。手下都督刘肇基与清兵巷战，也身受重伤。他本想与夫人一同以身殉国，但想到夫人怀孕在身，就遗书要夫人"生降死不降，母为子不降；国破忠烈在，复仇赖儿郎！"并要求夫人孩子出生后，一定要让他穿大明衣服，永远不忘国仇家恨。清兵夺天下不久，刘肇基夫人产下一子，她牢记丈夫遗言，暗暗给小毛头穿上明代大襟衣服，并且袖口和衣襟都不缝边，意思是此仇不报，痛苦无边，要小辈牢记在心。这事情传扬出去以后，老百姓为了纪念史可法及其部下抗清爱国的忠贞精神，都照样给自己的孩子也穿"毛衫"，教育孩子长大后精忠报国。从此，小孩穿毛衫的风俗就一代一代传了下来。

让女孩子从小开始绣鞋花、做鞋子是我国古代教育女子刻苦勤奋、崇尚女德的一大发明。在周文王制定的《周易》中，六十四卦中的第十卦是"履卦"。《周易》遵照"观物取象"的原则，即观察穿鞋正履的事物，"提炼概括"出履卦德行之象。周武王继承

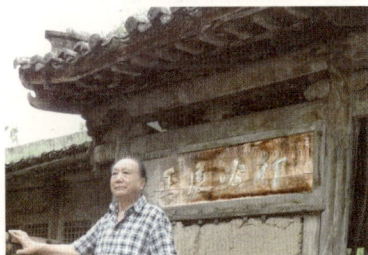

图 2-23

发扬了父王"履卦"的精髓，将履卦德行教义作为建立周王朝的治国法则。武王以身作则将观物察器获得的"行必履正"（见图2-23）的哲理定为床前的座右铭，每天以"履毋偏，行得正"德行激励自己。

儒教始祖、大思想家孔子十分重视武王的"履德"，孔子把周易的六十四卦，重新整理，依据"观其德义"、"求其德"的思想，在

六十四卦中提取最具道德修养的九个卦，组成了"孔子九卦"。九卦之首就是履卦。孔子说：履卦是教人礼仪，它是建立德业的基础。不造作，不装样，运作自然，这就是立德的根本。孔子要求人们不断提高道德境界，以履卦作为化凶为吉，防止和解除忧患的依据。这是孔子对儒家道德修养学说的进一步发展，对儒家人文主义的易学观的确立。在《易传·系辞》里，将"履卦"定义为"履德基"（见图2-24）。孔子认为鞋履在《易经》中的教理是：形而下者（鞋履）为脚上穿着行走的鞋履，形而上者（鞋履）为礼仪道德的基础。故在《易经》中把"履卦"直呼为"礼卦"。"形而下"与"形而上"的鞋履哲学，在儒学发展中不断"亨通"与"僭越"。履卦中的"周道视履"演化为千年传承的儒家哲理："试履识人""视履知人"。中国第一家民间金融机构山西"日升昌"，其辉煌百年的经验之一是招收徒弟谨慎缜密。而招收徒弟的第一关就是试穿"日升昌"的收徒"铁鞋"（见图2-25）。若徒弟的脚穿进铁鞋，不大不小，不肥不瘦，则"视鞋见纳"可进入下一步考查，否则立即淘汰。这就是"视履"（见图2-26）儒家哲理的传承与功能。中华道德文明中的"鞋履"导向，贯穿着鞋履文化的教育史，构成了中华鞋文化对儿女教育的精神支柱。民间将儒家哲理转化成

图 2-24

图 2-25

图 2-26

百姓人家"做鞋识女""看鞋鉴女"的民俗风尚。如我国民间文艺学家朱介凡收集到的河北谚语"男儿聪明读书好，女儿聪明做花鞋"（直隶《栀子花》）。

传统习俗认为女孩从小做鞋是练习德艺双馨的基本功，是一个女孩子修身养性的必经之路，故盼女成凤的家庭自小要求女孩做一手好鞋。励志警言"鞋品就是人品"始终督促着女孩从小攻研制鞋女红。有一则中国鞋履史中的清宫轶闻，反映了女孩通过做鞋而腾达的故事。当时清朝内务府大臣继子寿（继二大人）的母亲自少女就针黹、刺绣等女红样样精通，特别是从小练得一手做鞋的本事。她的儿子当上内务府大臣后，她发挥了从小掌握做鞋技巧的优势，将自己亲手做的鞋通过儿子敬献给慈禧太后。由于技艺高超、工精料细，穿着舒服而颇得慈禧的欢心，并指定她专门为自己做鞋。最后慈禧太后给了她个"一品夫人"的荣衔。后人调侃她为"鞋品夫人"。

在"垂衣裳而治天下"的时代，中国家庭传统的做鞋已经远远超出其基本的物质功能，具有了一种更为正统的品德传承。所以说女孩从小做鞋，不仅要学会刻花、刺绣、剪样、纳底等女红技艺，更重要的是承载鞋履文化中的道德观念。

当过皇帝老师的南宋学者朱熹，一生治学严谨，堪称一代大儒。他教育子女的名句，被后代士大夫作为治理家庭和子女的座右铭。朱熹撰写的《训学斋规》成为孩子们的必读启蒙书。里面要求女孩子"八岁起学作小履（鞋），十岁以上伺蚕缫丝，十二岁以亲习茶饮，十四岁以上学衣裳"。让八岁的女孩操练鞋艺，成为中华民族从小培养孩子"潜德隐行""材德兼备"的典范，也是中国人"鞋履育人"的思维定式。

对子女教育颇为成功的曾国藩，留给后人很多可借鉴的经验。曾国藩在任两江总督时，为了便于对五个女儿严格管教，把她们都带在了身边。作为两江总督的曾国藩，家中用人成群，根本无须女儿纺纱做鞋，但曾国藩要求女孩必须参与做鞋和劳作，并亲自安排具体时间："午巳刻，纺花或织麻；中饭后，做针黹刺绣之类；酉刻前（21—23点），做男鞋女鞋或缝衣。每月须做男鞋一双，女鞋不验。"即使后来女儿不在身边，他也要写信过问。曾国藩于同治五年（1862）六月二十六日在给儿子曾纪泽的家书中，专门问及"（老）大、（老）二、（老）三诸女已能做大鞋否？"（见图2-27）"鞋履育女"也是曾国藩教女育女的成功经验。

图 2-27

图 2-28

古代社会严格规定女孩从小做鞋的世俗，把孔子提倡"履德基"的传统鞋文化演绎成"做道德鞋"。培养鞋履文化作为家庭重任。在民间，制鞋、试鞋、看鞋、比鞋等风气，成为女孩子竞相观摩学习的重点女红技艺，以致在中国鞋履史中曾经出现过"看鞋"的特属词汇。这是专指闺房中少女特意制作的供他人鉴赏评价的绣花鞋（见图2-28）。

第三节 缠足塑女习俗

中国古代女孩有缠足的历史（见图 2-29），时间是从后唐五代一直到民国。我国的儿童缠足史近一千多年。在缠足的时代，女孩最小 3 岁，最大 5 岁开始缠足，年龄稍大便不易裹缠了。可以说从唐宋开始一直到辛亥革命，中国童装史中延续了最跌宕离奇的年代；女孩童长到 3—4 岁时正值快乐童年时光，而在此时，她的双脚却被母亲或外婆强行缠缚（见图 2-30），塑造成"三寸金莲"并穿上缠足鞋，从此小女孩失去了行动的自由和奔跑的童年。在封建社会中，由于鼓吹女子"脚越小越贵，鞋越小越美"的审美习俗，父母为了迎合世俗，将来能替女儿选个好婆家，便牺牲了女儿的双脚（见图 2-31），用人为的缠足方法，把自己的女儿塑造成"美女"。"小脚一双，眼泪一缸"。泯灭童心的缠足文化在我国延续跨越了六个历史朝代，"缠足塑女"的群体心理，在世界童装史上也闻所未闻。

图 2-29   图 2-30   图 2-31

19 世纪，西方人布莱森夫人写了一本关于中国孩子的书，书名叫《中国的儿童生活》，其中记述了当时中国儿童的裹脚现象：缠足方法是先以热水加热脚，有的人家是把婴孩脚插进刚宰杀的公鸡腹膛中加热。趁热将脚拇趾外的四个脚趾向脚底弯曲，紧贴脚底，脚面用力弯成弓状。脚的长度被缩短，只有大足趾孤零零地向前伸展。当其余四趾都已被折压得贴伏在脚底之时用布缠裹，缠上两层就用针线密缝一圈，一面狠缠，一面密缝，一直把八尺长的缠足布（见图2-32）缠完。此时脚如炭火炙烧，疼痛难挨。随后的日子里如此日复一日紧紧缠裹，最终把关节扭曲到极限，脚面弯曲，四个脚趾连同脚掌折断弯向脚心，形成"弓"形的"三寸金莲"（见图2-33）。

图 2-32

图 2-33

我国女性在历史上穿着了一千多年的"三寸金莲"缠足鞋，也是我国鞋履史上最震撼的事件，是我国服饰文化艺术史中最张扬、最凸显的鞋履文化现象。中国的缠足鞋与外国的高跟鞋的目的同出一辙，都是女性爱美、崇美的审美行为。探索三寸金莲文化，实质上是在研讨中国古代妇女的美容问题。"女为悦己者容"。女性历来是为美而存在的。中国女性以缠足来追求脚小的畸形美（见图2-34），与外国女性以束腰来追求细腰美（见图2-35），以箍颈来追求长颈美一样（见图2-36），都是以各自不同的方式实现超越自然肢体的人为美。人类对于美的追求与开发从古至今，无止无休。人类自古惯用摧残肢体的方法求得美容，如凿齿、鼻环、扩唇、缠足等。残体美容的问题和人

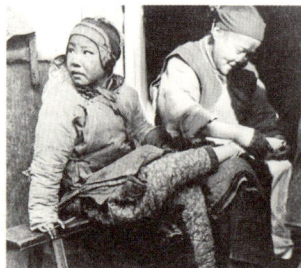
图 2-34

图 2-35

图 2-36

类本身一样古老。

　　中国历史上"脚小为美"的审美体系，同样是悠久与迷惘的。学术界当前对此虽是各抒己见、众说纷纭，但一致认为，中

图 2-37

国自古以来就有女子足下纤细、行步舒迟为美的观念。汉代司马迁在《史记》中记载的民谚，反映当时的女人常常足穿尖头之屦（鞋）。古乐府有《双行缠曲》，也以缠足为美。唐代李白《越女诗》"屐上足如霜，不着鸦头袜"，诗人白居易的"小头鞋履窄衣裳"，韩偓的"六寸肤圆光致致"，皆可证实唐代以前国人已是以足纤鞋小为美。到了五代时有了弯弓底绣鞋，乃其脚背向上弓曲。宋代理学家朱熹热衷于在福建南部等地推广缠足，至宋代徽宗宣和年间，东京汴梁（今开封）闺阁中出现了缠足专用鞋，名曰"错到底"（见图 2-37），并在社会上流传。元朝建立后缠足之风远胜于宋朝，在元代的杂剧散曲中，在描写女性人物时，始终强调一双纤纤小足。明代坊院中不少妓女无不以小足金莲作为媚男的本钱，而小脚女人亦成为当时城市女性竞相模仿的对象，到了清代乃流行天下，路人皆知了。

　　与时俱进了上千年的缠足鞋（见图 2-38）不仅做工考究、工艺精湛，针缕细密，绣花精巧，而且内涵和外延更为浩瀚多彩。全社会都在研讨缠足鞋的样式和维护，缠足鞋的地域特点，缠足鞋的民俗含义，以及穿缠足鞋的步态、舞姿及整体形象。民间艺人在诗词、戏曲、小说中推波助澜，对缠足鞋进行艺术化的形象描述，民间艺术家又把缠足鞋搬上雕塑、瓷器和

图 2-38

图 2-39

图 2-40

绘画。这在世界鞋类史上也是独一无二的。与此同时经过千年的承袭与沿革，"三寸金莲"把鞋的功能发展到了极致。缠足鞋除了穿用功能外，还有教化功能：如用"禁鞋"培养女德，"禁鞋"的鞋底处有两个铃铛（见图 2-39），是培养教育女孩子要收敛和矜持，日常生活中做到"行不响铃，笑不露齿"。金莲鞋还不乏娱乐功能，用金莲鞋喝酒（见图 2-40）和掷骰游戏，既自娱又娱人。

当今学者普遍认为，三寸金莲最大的社会功能是充当了女性从下层社会跃入上层社会的跳板。犹如灰姑娘的水晶鞋，缠裹了三寸金莲等于对女性进行了重新塑造，使其成为女性在社会上地位高低和身份贵贱等级的重要标志（见图 2-41）。这些女子一旦有了三寸金莲这个炫耀美丽的资本，就可以高攀官府、嫁入豪门、光宗耀祖。所以在三寸金莲盛行之时，只有裹了脚才能进入温、良、恭、俭、让的上层女流之辈（见图 2-42），不裹脚的女人则显得粗蠢无比而不入流。若是纤足女子与大脚女子不期相遇，前者则趾高气扬，自以为高人一等，而大脚婆娘只有瞧着自己的大脚心里发慌的份儿了。当年的民谣唱道："裹小脚，嫁秀才，吃馍馍，就肉菜；裹大脚，嫁瞎子，吃糠馍，就辣子。"正是由于社会上一不评长相，二不论身材，仅看三寸金莲的女子选美标准，赋予了缠足女子各种荣耀和光环（见图 2-43）。上千年的封建社会奠定了"看脚识女人"的金科玉律，导致了脚越小人越美的群体审美意识。民间只看脚不看脸，只见鞋（见图 2-44）不见人的择妻原则，促使古代家庭给幼小女孩缠足成为家族头等大事（见图 2-45）。在清代，哪怕满族妇女不缠足，全国女子从儿童开始的缠足民风也达到了登峰造极的地步（见图 2-46）。顺治皇帝在下达"缠足女子入宫者斩"的禁令后，宫女仍照缠不误。康熙三年（1664）又下令禁止女子缠足，但终因积症难返，只好废除这一禁令。接着旗人女子也开始东施效颦。一直到民主主义革命时期才逐步刹住此风。

图 2-41

图 2-42

图 2-43

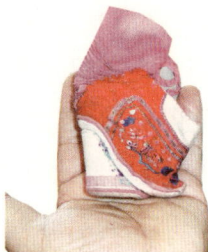

图 2-44

图 2-45

图 2-46

第四节　望子成龙习俗

古代传说中的龙是兴云作雨的神异动物。从甲骨文的字形比较，"龍"字可视为"雷、电"的变形。"龙"字保留了闪电的弯曲状，又将表示雷声的符号"口"状移至弯曲处的终端，表示龙的口部。龙字中的口朝下，表示雨从龙口中倾泻而下。中华民族世代过的是"靠天吃饭"的农业生计，雨水是农业丰

图 2-47

收的命根子，所以龙作为图腾而受到敬仰和崇拜。龙被神化后，中国古代帝王自称是龙神的化身。封建社会又把龙与帝王崇拜结合在一起，并作为帝王的象征。但龙种不仅仅是历代皇帝的专利，平民百姓也个个希望自己的儿子能长大成龙，盼望儿子能成为出类拔萃的显耀人物。为使儿子出人头地成为高贵杰出人物，于是以"龙"字为男孩子起名成风，如兆龙、是龙、成龙等等，并用"龙"指代男性，成了全民族的思维定势。民间也往往在男童服饰中大量附会"龙"的民俗图案（见图 2-47），寄托着父母望子成龙、功成名就、荣光耀祖的希望。

为了使平民百姓也能变成显贵龙种，民间不但崇尚"鱼化龙"的神话，还创造了"鲤鱼跳龙门"的变种方式，使平民百姓的男孩子个个都有机会，期望像鲤鱼那样跳过龙门成为龙种贵族，达到化卑为尊、

图 2-48

脱贫致富的目的。民间习俗是让自己的孩子先要成为"鱼"，在这里"鱼"的寓意是"龙籽"。先当"鱼"，才有希望将来变为"龙"。故长辈们给自己孩子穿戴"鱼"形图案的童帽、童鞋、肚兜等儿童服饰，预示小儿时刻准备着"鱼龙变化"（见图 2-48）。

由于童帽是童装中表现力最强的部件，童帽又是孩子穿戴的制高点，所以鱼形童帽种类较为丰富。如图2-49是一顶整体型鱼形童帽，由两条鱼组合成帽壳部分。鱼脊线充当帽顶线，鱼尾当成帽披。帽的下沿有浪花形的装饰，犹如双鱼在水波中畅游。图2-50是立体型鱼形童帽，在帽的顶端俯卧着一条立体结构的鲤鱼。凸出的圆眼坐落在帽的最高处，似乎在时刻观察和引导孩子。鱼尾由钢丝和鱼体相连，可上下左右活动。帽子上方绣饰着荷叶、荷花和莲蓬。寓意鲤鱼在荷花塘中漫游。图2-51设计的是平面型鱼形帽，在帽的两侧护耳上各有一条拼布绣的彩色鱼。鱼身由七块色布搭配组合，既有儿童画的童趣，又具卡通的风格。

图2-49

图2-50

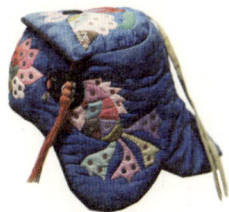

图2-51

鱼向龙转化的民间风俗，在中国古代早已有之，俗称"鱼化龙"，是历代民俗、传说衍变而来（见图2-52）。其历史渊源悠久，可追溯到史前仰韶文化——半坡类型时期的鱼图腾崇拜。在商代晚期的玉雕中也已出现，并在历代得到发展。如《孔子家语》记载：孔子喜得贵子，鲁昭公以鲤鱼作赏赐，孔子因此为儿子取名鲤，字伯鱼。唐代李白《与韩荆州书》中

图2-52

感叹道："一登龙门，便身价百倍。"明代高明的《琵琶记·南浦嘱别》中明确期望："孩儿出去在今日中，爹爹妈妈来相送，但愿得鱼化龙，青云得路，桂枝高折步蟾宫。"在皇家、文人的鼓噪下，民间亦出现男孩攀高附会的"鱼龙变化""龙头鱼身"等寓意纹样。民间称"龙头鱼身"为鳌，对出人头地的男孩亦称"独占鳌头"，期望自己家孩子科举能中状元。

民间相信不管什么鱼，只要跃过龙门都可以化龙，后来演变为仅有鲤鱼才能独享"跳龙门"。这来源于一个流传甚广的故事；相传很久以前，黄河泛滥。舜启用鲧的儿子大禹继承父业，治理洪水，大禹改变了前人堵挡而用疏浚的方法卓有成效。玉帝命自己的小女儿化作涂山女，下凡嫁给大禹帮他一起治水。大禹疏浚黄河之洪水到了山西陕西交界处（即山西省河津与陕西省韩城），劈开山崖壑口终将洪水疏通。此壑口称"禹门"。而定居黄河中的鲤鱼被洪水冲出禹门后，无法游回故乡，因此鲤鱼抗议大禹夫妇。涂山女笑了说："我去奏请玉皇大帝了，回旨曰，能跃上豁口者，马上可以化为飞龙，腾云上天。如果跳不过去又跌坏额头的，说明生来就是凡鱼不必强求。"从此，每逢春季，就有无数鲤鱼沿着黄河逆流而上，在禹门下奋力跳跃，偶有一跃而过者，便化为苍龙，腾飞九天之上。后人称禹门为"龙门"，也只有鲤鱼遵旨来跳龙门了。

大禹治水凿龙门，鲤鱼跃门成龙的故事，在历代皆有流传。如北魏郦道元《水经注》和汉代辛氏所著《三秦记》等古籍中均有记载。宋代李昉《太平广记》对"龙门"的定义为："龙门山，在河东界。禹凿山断门阔一里余。黄河自中流下，两岸不通车马……每岁季春，有

图 2-53

图 2-54

图 2-55

图 2-56

黄鲤鱼，自海及诸川，争来赴之。一岁中，登龙门者，不过七十二。初登龙门，即有云雨随之，天火自后烧其尾，乃化为龙矣。"唐李白《赠崔侍郎》诗："黄河三尺鲤，本在孟津居，点额不成龙，归来伴凡鱼。"即用此典。在科举时代，盼望孩子将来科举获得进士功名，也被称为"登龙门"。鲤鱼跳龙门，既是对这个优美传说的形象表述，更寄托着父母的祈盼。"望子成龙"代表着男孩子飞跃高升、一朝交运的美好愿望。如图 2-53 中的"鲤鱼龙门鞋"可谓童鞋中艺术与寓意完美结合的上品。鞋头部分巧妙地做成一座犹如牌坊高高耸立龙门，在鞋头龙门的两边各有一条五彩斑斓的鲤鱼。望子成龙的父母希望孩子穿上鲤鱼跳龙门的鞋，其前程能如鲤鱼一般顺利地跳过龙门，升官发财，实现鱼龙变化。图 2-54 是一块"鲤鱼跳龙门"儿童肚兜，在肚兜的最上部分由左向右按鱼龙演变顺序，分别刺绣了鲤鱼、龙门和走龙（见图 2-55）。鲤鱼肚皮朝上的形象表明它正在奋力地翻滚和跳跃，卷云密布的背景，表达鲤鱼已经跳到云际的高度。龙门架在波涛滚滚的水面上，突出了龙门的高耸与惊险。最右边的龙显然是成功跃过龙门的鲤鱼变化而来，它正举起龙爪向龙门对面的鲤鱼打招呼，似乎在鼓励那些奋不顾身跃龙门的鲤鱼。阳光四射的背景也意味着鱼化龙后的光明前程。图 2-56 是一顶立体造型的龙形童帽，直截了当地表达了"望子成龙"的期盼。在童帽前上方，设计了一条完整的龙的形象，白色的龙头、蓝色的龙身和绿色的麟毛组成一个飞龙的造型。帽的前脸由一对竖耳和凸眼组成了虎头。充分突显了父母对孩子的企望；在儿童时代要生龙活虎，长大后更要龙腾虎跃。

　　随着中日文化的交流，"鲤鱼跳龙门"的习俗也跨洋越海到了日本。在日本17世纪初的江户时代，渐渐在民间流传开来。每年的5月5日是日本男孩节。有男孩的家庭在家门口高高挂起了迎风起舞的鲤鱼旗（见图2-57），表达了长辈们望子飞腾的心情。在日本鲤鱼又是力量和勇气的象征，父母期望儿子成为勇敢的武士，所以立起鲤鱼旗以引起上天的注意，期盼孩子能出人头地。

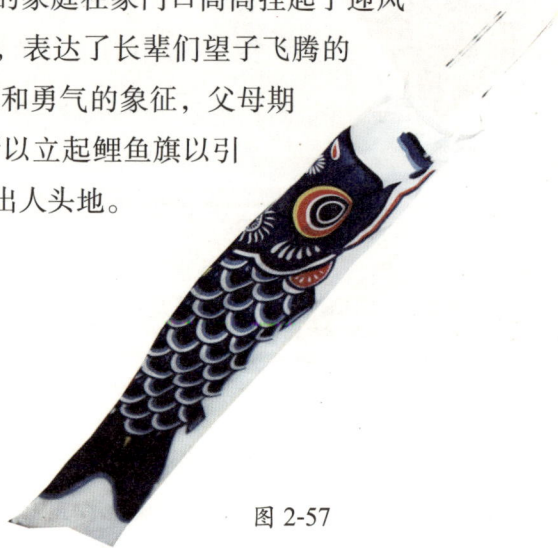

图 2-57

第五节　麒麟佑子习俗

图 2-58

儒家学派创始人孔子，是中华民族普天下瞻仰崇拜的文化圣人。但父母膜拜孔子时的最大心愿，莫过于自己的孩子能像孔子那样读万卷书，满腹经纶，长大后科举登第。这个愿望将会改变整个家族的命运和前程，实现状元门第书香、诗礼传家、光宗耀祖了。

世传孔子在出生和去世之前都出现过麒麟，民间便认为麒麟与孔子有"过命"的渊源关系（见图 2-58）。由于把麒麟看作孔子的化身，世人又将信仰和期望转移到麒麟身上，同时朝拜孔圣人之神与麒麟之灵，祈盼麒麟的书贵之气伴随在子孙四周，给自家孩子带来幸运和前景。自从百姓有了"麒麟佑子"的意向，民间就锁定了"天上麒麟儿，地下状元郎"的意境。有男孩的家庭主动把麒麟和孩子前途挂钩，于是有关麒麟的各种形象大量地体现在幼小孩子的童装、童鞋、童帽上，让麒麟的神力犹如每天穿的衣服一样时刻笼罩着孩子。让孩子尽享麒麟的福祉，先当"天上麒麟儿"，将来再做"地下状元郎"。

图 2-59

图 2-59 中是儿童贴身穿的紫色肚兜，在童装习俗中紫色通常是给儿子的衣物使用，因为"紫"谐音"子"，代表"儿子"。在紫色的丝绸上刺绣了麒麟、男童和"四艺"图（见图 2-60）。骑在麒麟上的男儿

图 2-60

在云空太阳普照下，一手擎笙，"笙"谐音"升"，传达了长辈盼望着孩子"升腾"发达，前程一片光明。在孩子四周围绕着古琴、围棋、书籍和轴画等古代雅士必会的"四艺"图，时刻熏陶着孩子。寓意将来麒麟上的孩子具有渊博知识和高度的文化修养。

图 2-61

图 2-61 为一件儿童围嘴。明显地分为上下两个部分。上面是一个男孩骑在麒麟上，下部分为拟人化的五毒：蟾蜍、蝎子、蜘蛛、青蛇和壁虎。长辈期望孩子在麒麟的护卫下，五种害人的毒虫转化成孩子的朋友，和麒麟一起替孩子除魔避邪，为孩子将来成才扫清障碍。

图 2-62

图 2-62 是一件男孩子的紫色坎肩。一名男孩骑在麒麟身上，四周笼罩着护佑他的各路神仙：有道家八仙中铁拐李的葫芦与拐杖（左上）与何仙姑的荷花（上面），有佛家"八宝"的宝伞和白盖（右下及右上），反映出长辈期望麒麟和孩子相伍，将得到道家与佛家的保佑，自己的孩子将来"必定"（麒麟前腿之间的"笔"和"锭"）进入"雅儒"之列（下部的琴书诗画纹样），一切"事事如意"（左下柿子与如意的图案）最终获得"天官顶戴"（孩子手持的天竺和头戴的冠帽）。

除此以外，民间常见的祈盼麒麟为孩子护佑的方法，就是让孩子

图 2-63　　　　　　　图 2-64　　　　　　　图 2-65

戴"麒麟帽"（见图 2-63），挂"麒麟锁"（见图 2-64）以及"麒麟兜"（见图 2-65）。

传说在鲁哀襄公二十二年（公元前 551 年），孔子的母亲颜征在祈祷于尼丘山，得喜怀了孕。因孔子降生后，取名孔丘，字仲尼。传说在生孔子的当天晚上，当孔子即将降临人世时，曾有一只麒麟在他家的庭院里，口中吐出一册玉书。上有"水精之子孙，衰周而素王，征在贤明"字样。这是在告白众人：孔子非一般凡人，乃自然造化之子孙，不居帝王之位，却有帝王之德，世称"素王"。孔家为示谢意，将一条彩绣系在麒麟角上。民间传说周元王六年（公元前 470 年）时，

图 2-66

有人在曲阜掘土犁田时，竟挖出了那条当初系于麟角的彩绣。明代出品的《孔子圣迹图》连环画（见图 2-66），画有孔子家人送彩绣给麒麟的画面以及麒麟口中吐出线装书。民间常在麒麟四周以琴棋书画绕成圆圈，寓意以麒麟比附孔子。

以后，人们又引申出麒麟献玉书三卷的故事，把孔子的精读学习成为圣人的功劳也归于麒麟。孔子原先的学问并不很深。他虽四处求教，可是那个时候还没有书，孔子常常为这件事苦恼。一天夜里，他

图 2-67

迷迷糊糊地梦到一个地方冒出一股股赤红的烟气，聚在一起经久不散。孔子一下惊醒起来，他想，莫非有圣贤出世来指点我。他忙叫起学生颜回和子夏赶着车，一路寻找那个地方。正走着，忽然看见前边河岸上的一堆干草中有一只受伤的麒麟，正可怜地望着孔子呢。孔子十分痛心，连忙脱下衣服盖在麒麟身上，又小心地给它包扎伤口。麒麟舔着孔子的手，口中吐出三部书来（见图 2-67），然后跳下河岸就不见了。孔子这才知道是上天派麒麟给他送天书来了。孔子如获至宝，整天潜心苦读这三部天书。渐渐地孔子的学问有了很大长进，后来终于成了名传千古的至圣先师。

至今，在各地孔庙、文庙、学宫中都以"麟吐玉书"为装饰图纹，以示祥瑞降临，圣贤诞生。这显然是把麒麟比作伯乐才俊之士。《诗经》中曾有《麒之趾》一文，也是以麒麟做比喻，赞颂周文王姬昌的子孙有为且繁盛。据《圣迹图》载："孔子生，见麟吐玉书。故麒麟送子。"也是专门指出圣明之世，麒麟送来的童子乃旷世良材、辅国贤臣。后人因此以麒麟送子比喻子孙德才兼备。从此麒麟文化成为中国旧时佑子、教子的民俗。后来民间便有"麒麟儿"之美称。人们就以"麒麟儿"作为受到良好教育的小儿幼童、学龄儿童的代名词。在汉代，民间称呼在科举场上一举夺魁的孩童为"麟子"。南北朝时，对聪颖可爱的男孩，人们还常呼为"吾家麒麟"。民间年画也画仙女抱一男孩骑于麒麟背上，谓"麒麟送子"（见图 2-68）。图中的

图 2-68

麒麟与玉书、如意组成图案谓"麒麟祥瑞""麒麟如意"。明清以来"麒麟儿""麟子"内容之作品，在刺绣、印染、剪纸等民间艺术中广为传播。作品大多是描述孺子可教的形象，或是童子骑麒麟，麟角挂一书本，或为麒麟童子背后有一仕女张伞持扇伺读。民间普遍认为，求拜麒麟可以教育出德才双馨的孩子。如唐代大诗人杜甫《徐卿二子歌》曰："君不见徐卿二子生绝奇。感应吉梦相追随。孔子释氏亲抱送，并是天上麒麟儿。"

在我国古代的儿童启蒙教育中，步孔圣人的后尘，按"麟子"的范本教育子女，实现"天上麒麟儿，地下状元郎"（见图 2-69）的愿望。特别是书香人家在教育下一代时，必定注重学习"麟子"或"麒麟儿"的聪慧上进、仁厚有德。因为麒麟在我国历史上是喻颂聪颖、神秀孩童的美称。民间"麒麟送子"与"观音送子"虽然都是"送子"，但是"观音送子"仅求怀孕和生子，而"麒麟送子"表现出一种强烈的育子情怀。是借助孔子的神圣教育孩子，培育出进德修业、德才兼备的国家栋梁。所以民间除了用"麒麟送子"外，还常用"天赐麟儿""麒麟贵子""麟子呈祥"等彰显儒家的麒麟文化。

图 2-69

第六节　五毒护子习俗

农历五月五日又称初五或端午，民间盛传"端午节，天气热，五毒醒，不安宁"。五月天气渐热，身体内有毒牙、毒钩、毒液、毒腺、毒鳌等有毒器官的五种动物；毒蛇、蝎子、蟾蜍、蜈蚣、壁虎纷纷出动，导致人类疠疫常常发生。所以五月又有"恶月"之称，五月五日又称"恶日"。民间且有"不举五月子"之俗，即五月初五所生的婴儿无论是男或是女都不易抚养成人。古人认为"五毒"出没之际，儿童最容易遭受毒害或疾病侵袭。在民间辟瘟祛毒保护儿童安康最直接最有效的手段，是在儿童服装中应用五毒纹样"以毒攻毒"。大多在小儿的肚兜、背心、鞋帽等衣饰上绣制五毒图案（见图 2-70）。旧时，在端午节来临之际，各家女红高手搭伙做好婴幼儿五月五穿用的五毒衣饰，五毒肚兜，五毒鞋与五毒帽。中国人的辩证思维认为，世上万物是祸福互倚，相互转换的。五毒也能攻毒，保护幼儿，相生相克使善恶转化。五毒护子就是这种思维方式的产物。所以民间常常利用五毒来护佑儿童，免遭毒物的侵害。在中国各地，五毒的排列在经过了漫长的进化和沉淀之后，大多以毒蛇、蜘蛛、蝎子、壁虎和蟾蜍等五种毒虫组成为最常见的五毒组合。在有些地区，五毒里出现了蜈蚣，取代了蜘蛛（见图 2-71）。

图 2-70

图 2-71

"五毒"中的"五"也是构成这种特有的图案语言。因为在我国古代，数字并不是单一的指数量，而是有着特有的定义。例如这个"五"，

在新石器时代的陶器的符号中的表现形似是
"×"形，后来两个"×"又演变成了八卦
中的"爻"。表示天地交会、阴阳合德之意。
由于"五"为大衍之数，含有阴阳之意，这
也是五毒之"五"不能被其他的数字取代的
原因，哪怕五毒图案中只有四种毒虫，如图
2-72的肚兜中缺了蜈蚣为"四毒"，图2-73
的儿童耳枕蜈蚣和蜘蛛都上了变成"六毒"，
也照样称"五毒"。

图 2-72

另外"五毒"中的"毒"字，在中国古
代也并不专指有毒、有害的东西。在《道德
经》五十一章中有"亭之毒之"一语。"亭
之"即是其成长自立之义，"毒之"即是使
之成熟之意，代表了一种宽容的润养与庇护。

图 2-73

由于"毒"字构成是"从生从母"。故在古代，"毒"也作"育"，"毒"、
"育"相通。因此"五毒"还具有了"祈嗣"之意，逐渐成为民间"生
育，成熟"之意。蟾蜍（蛙），自古以来就凭借其"多卵"的典型特征
被认为是女性的象征物。因此，"五毒"还可阐释成人类文明传承的永
恒主题——生殖繁衍。"五毒"图案通过具象手法，宣扬了以毒制毒，
五毒护子功能和人类的祈嗣繁衍行为。

五毒衣

五毒衣是指绣有五毒图案作为主要装饰的童装，具有"求福驱毒"

图 2-74

图 2-75

寓意。五毒衣大多为五毒坎肩、五毒肚兜等。图 2-74 是拼布式五毒儿童坎肩，这是陕西最为流行的儿童服装。用五颜六色的碎布把五毒层层叠叠地圈在当中。图圈其中的五毒根本无"毒"可施，已经成了人类的好朋友。艳丽的拼布绣和带了花草的"毒虫"也成了孩子喜闻乐见的图案。图 2-75 是紫色儿童五毒肚兜。是孩子百日的礼仪上，娘家送给男孩子的"喜兜兜"，因为百日无恙是全家人的大喜事。上面是"喜（鹊）上眉（梅）梢"纹样，下面的五毒在蟾蜍的带引下，头部全都朝上，犹如五毒在集体贺喜。表明了五毒除了能"灭毒"外，还有"祈嗣"之意，期望孩子顺利成长。

五毒配饰

五毒配饰主要是指绣制或者设计有五毒图案的儿童围嘴、帽子、鞋子、耳枕等，同样体现出人们对新生命的歌颂与保佑。图 2-76 是儿童五毒围嘴，背景是绿色的荷花叶与红色的荷花。五毒排列在花朵中，壁虎、蜈蚣、蟾蜍、毒蛇和蝎子一字排开，头向下面注视、围佑着孩子。一般植物是先开花后结果，唯独荷花是花果同生。这里的荷花与五毒的组合又含有"因荷得藕""喜得良缘""早得贵子"的

图 2-76

"祈嗣"情结。图 2-77 是五毒
童帽，为了易于观察，将左右
两边同时展示。这是一组立体
的五毒：右边是蝎子与毒蛇，

图 2-77

图 2-78

图 2-79

左边是壁虎与蜘蛛，蟾蜍居中。在帽圈正中是盛
开的荷花，右边是花朵，左边是果实（莲蓬），也
是花果共生的"祈嗣求子""连（莲）生贵子"的
寓意。图 2-78 是一双五毒童鞋。一只硕大的蟾蜍
附在鞋头上，蟾蜍不仅要指挥其他毒虫一起护佑
孩子，还要以它的两只红色眼睛去引导孩子看清
路、走好路。图 2-79 是儿童耳枕，在一只黄色
的蟾蜍背上聚集了人们所熟悉的毒虫，超过了五
种。五毒蟾蜍耳枕在这里既要护佑孩子睡觉时不
被毒虫侵扰，还要承担"祈子求子"的作用。为
了重点突出生育功能，在蟾蜍的头顶上又重复绣
制了一只蟾蜍和一只蝎子。因为一只雌蟾每年产
卵 38000 枚左右，是两栖动物中产卵最多的物种。
蝎子又是五毒中唯一的卵胎生动物，平均每胎可
高产 30 只幼蝎。表面上是多绣了一个蟾蜍与蝎子，
实际上反映了人们"多子多孙"的心理需求。

五毒文化经过了时间的洗礼，不断在传承着、发展着。它的寓意、
造型、色彩，一切都被赋予了生命与活力。无论是直白的表达，还是
隐喻的寓意，都真实地反映出劳动人们对生殖、生命的真挚向往和渴
望。虎是百兽之王，传说具有避邪消灾、惩恶扬善等多种神力。中国

图 2-80

图 2-81

图 2-82

民间将虎视为辟邪降灾的保护神，一向有着"皇帝爱龙，百姓爱虎"的说法。民间也常在儿童服饰中用"虎镇五毒"或"虎食五毒"的图案为小孩祛除虫害，消灾避难，保佑平安。如图 2-80 是一件儿童肚兜，猛虎全身占据了整个肚兜的大部分位置。它不仅昂头翘尾，还面露獠牙，四周围绕的是被降服的五毒，这就是"虎震五毒"的图案。天空中的彩云、日头和五毒嘴里衔着的花花草草，在虎威的震慑中，给孩子创造了一片和谐、平安的环境。图 2-81 同样是一件"虎震五毒"儿童肚兜，但老虎的形象却温和多了，除了五毒以外，还有两颗盛开的石榴花果。直接表达了长辈不仅期望老虎震慑五毒祛害护子，还希望子孙繁衍，传宗接代。在这里紫色肚兜的"紫"和榴开百籽的"籽"，都映射了长辈子孙满堂的意愿。

图 2-82 是一双"虎食五毒"童鞋。寓意是毒虫被老虎吃进肚子，免除孩子受五毒的侵害，同样是祈求健康、平安的意思。这是一双"全虎鞋"，即虎头、虎身、虎尾绣制在一只鞋上，而五毒分散在鞋面上。有些毒虫如毒蛇、蜘蛛和蜈蚣已经被老虎吃到肚子里，而蟾蜍和壁虎因为躲在老虎的尾巴下面，尚未被老虎发现，还正在苟且偷生呢。

在全国各地端午节五毒护子的习俗大同小异。山东临清县五月五，七岁以下的男孩带麦秸做的项链符，女孩带石榴花，还要穿上妈妈亲手做的黄布鞋，鞋面上用毛笔画上五种毒虫，意思是借着屈原的墨迹来杀死五种毒虫。日照地区端午给儿童缠五色线，五色线象征五色龙，系五色线可以对付五毒，降服妖魔鬼怪，孩子一直要戴到节后第一次下雨，才解下来扔在雨水里。即墨地区，在端午节早晨孩子必须用露水洗脸可防五毒。湖北宜昌市端午这一天还有晒水给小孩洗澡的习俗，就是放一盆水在太阳下晒，等水晒热了给小孩洗澡，据说可以洗去五毒污浊和病魔。天津旧俗五月五给幼儿穿五毒衣并配上五毒鞋，据说这样可以免除疾病，兼防蚊虫叮咬。清末富察敦崇的《燕京岁时记》记载了老北京的五月五端午节时，家家用彩纸剪成各样葫芦挂贴于门框上，并在葫芦中剪出五毒形状，意喻五毒已被围困在葫芦里，孩子无灾无忧也。民间也给孩子穿葫芦五毒童装（见图2-83），这样的葫芦又叫"倒灾"葫芦，意谓赶走灾难，消除灾害。

图2-83

河北一带，小孩儿出生后第一百天，都要给孩子穿上五毒肚兜。在兜兜上用五色彩线绣上蝎子、蜈蚣、壁虎、蛇、蟾蜍五种虫子，还要绣上一个葫芦。这个习俗得从铁拐李大仙说起。铁拐李成仙得道之后，背着葫芦拄着铁拐四处云游，专给穷人治病，惩治坏人，降妖捉怪。一天晚上，铁拐李在一座庙里休息，听到有人给菩萨上供，祈求保佑孩子渡过难关。铁拐李马上打听有啥难事，原来他家儿子明天过百岁。可是近年来有件怪事，当地孩子过百岁这天，就会有蝎子、蜈蚣、壁虎、蛇、蟾蜍等五个毒虫闻信而来，专门吸食孩子的血。明天我们家儿子过百岁，来求菩萨保佑。铁拐李听后笑着说：明天你们的孩子一定会平安无事的。

第二天，忽然间天昏地暗飞沙走石，只见院子里出现了如锅盖大的蝎子，似柳斗大的壁虎，扁担长的蜈蚣，水桶粗的大蛇和磨盘大的蟾蜍。这五个大虫要闯进屋里抓孩子。铁拐李拄着铁拐往门口一站说："大胆妖怪，竟敢伤人性命，看拐！"五个妖怪听了哈哈大笑。蝎子精嘴里嘶嘶响着第一个冲上来。只见铁拐李把铁拐往空中一抛，那铁拐直奔蝎子精，上下翻飞，左杵右捣，打得蝎子精只有招架之力，无还手之功。壁虎精、蜈蚣精、蛇精、蟾蜍精一见急了眼。壁虎精摇了摇尾巴，尾巴变成钢鞭；蜈蚣精摇了摇头，头上的两只角变成两把利剑；蛇精吐出血红的信子；蟾蜍精张开大嘴巴，五个妖精一齐冲向铁拐李。铁拐李急忙拿起葫芦，连拍五下，从葫芦里飞出三只公鸡、一只黄鼠狼和一只大山猫来。白公鸡直奔蜈蚣精，黑公鸡奔向壁虎精，芦花公鸡追啄蝎子精，黄鼠狼扑向蛇精，大山猫直冲蟾蜍精。铁拐李拄着铁拐，站在屋门口观阵，嘴里不住地念念有词。突然"叭"的一声响，蝎子由空中掉到地上。一会儿，蜈蚣又跌下地来。紧接着壁虎、蛇、蟾蜍也都躺在地上，动弹不得。铁拐李顺势把五只精怪全都吸进葫芦里去了。铁拐李还吩咐道："白公鸡以后见蜈蚣就啄，黑公鸡见壁虎就吃，芦花公鸡专吃蝎子，黄鼠狼吃蛇，大山猫吃蟾蜍。大家为民除害，护佑小孩，有助于你们的修行！"孩子他妈是个刺绣巧手，就在孩子肚兜上用五种颜色的彩线绣上了五种毒虫，又在兜兜上面绣了一个葫芦。自从孩子穿上五毒肚兜后，毒虫就不敢再来侵害了。

第七节　盼女成凤习俗

　　凤凰的最早的典籍记录，是《尚书·虞书·益稷第五篇》。书中叙述大禹治水成功后由夔龙主持举行庆祝盛典，群鸟在仪式上载歌载舞。最后连续演奏九章，高雅的凤凰也随乐声翩翩起舞。这是千古佳句"萧韶九成，凤皇来仪"的出处。标榜了贵鸟凤凰可以向上直通神灵，

图 2-84

招使吉兆来临（见图 2-84）。《山海经·图赞》记载凤凰身负五种吉祥纹样："首文曰德，翼文曰顺，背文曰义，腹文曰信，膺文曰仁。"象征了中国凤文化中，充满了古代社会和谐与安定的"德、义、礼、仁、信"五条儒家伦理。后来东晋葛洪在《抱朴子》中进一步解释道："夫木行为仁，为青。凤头上青，故曰戴仁也。金行为义，为白。凤颈白，故曰缨义也。火行为礼，为赤。凤嘴赤，故曰负礼也。水行为智，为黑，凤胸黑，故曰尚知也。土行为信，为黄。凤足下黄，故曰蹈信也。"可见凤凰在先秦时期就代表了高风亮节的君子之道。战国时期的《人间世》中提到，儒家至圣孔子南游到了楚国，楚国的贤人接舆的唱词里把孔子比喻为凤凰与圣人。这是对孔子最大的尊敬。到汉代更提高了凤的地位，如在《论语谶》中，称凤有"六象九苞"："六象者，头象天，目象日，背象月，翼象风，足象地，尾象纬。"把凤凰的尊严上升到日月天地间，作为一种天地和谐的精神与物质载体。而"九苞"又具体补充为"口包命，心合度，耳聪达，舌诎伸，色光彩，冠矩朱，距锐钩，音激扬，腹文户"。九苞把凤的九种象征祥瑞的特征刻画得淋漓尽致。无怪乎唐朝宰相李峤在《凤》诗中赞颂凤凰："九苞应灵瑞，五色成文章。"明代政治家、内阁首辅张居正在《书罗医师凤冈卷》一

诗中赞扬凤凰："九苞有灵允，还见羽仪舒。"至此中国凤文化中呈现出登峰造极之五大内涵："引魂升天之使者""有德君子之指代""辟邪压胜之灵物""权力威仪之象征""灵与美之化身"。致使中国女性对中华凤文明崇拜至极，坚贞不二。

　　根据历史神话传说，凤是从东方殷族的鸟图腾组合演化而成的。远古时期轩辕黄帝在原来各个大小部落使用过的图腾基础上，组合创造了一个新的图腾——龙。黄帝的第一皇后元妃嫘祖是华夏丝绸与衣文化的创始者，嫘祖按照黄帝制定"龙"图腾的方法，在各个部落的鸟图腾中精心挑选出孔雀头、天鹅身、金鸡翅、金山鸡羽毛、金色雀色彩等组成了一对漂亮华丽的鸟图腾。造字的仓颉替这两只大鸟取名叫"凤"和"凰"。这是"凤凰"最古老久远的传说。中华凤凰是"先蚕"圣母嫘祖创造的，所以凤与凰一横空出世，天然携有华夏伟大女性的神韵和桑蚕制衣文化的基因。几千年来凤凰文化和丝绸文化都是彰显与判别中国女性特质和女德的风向标。凤仪女德与锦绣女红是中国有气质有涵养女性内涵与外在的标志，也是民间女子追求与崇尚的标杆。在漫长的凤文明发展史中，凤文化一直在追随着中国女子美丽、德行、善良、贤惠的形象，最终成功地塑造了以凤凰为榜样的中国女德标准。民间把凤德与女红皆强的女子统称为"凤女"。此后"盼女成凤"的习俗广受中国家庭的崇拜。不仅在绣楼的女红作品中，表现盼女成凤的信仰。民间女孩童传统的凤凰衣、凤凰坎肩、凤凰肚兜（见图2-85）、凤凰围嘴到凤凰帽、凤凰鞋，等等，处处体现长辈们"盼女成凤"的习俗。

图 2-85

图 2-86 是女孩子的凤凰短袖衣，在绿色的丝绸上，一只灵动的五彩凤凰盘旋在牡丹花丛上，凤凰和富贵联姻，体现母亲期望孩子成凤后的富贵生活。图 2-87 的坎肩的是由舞动的彩凤和一支叶茂花盛的牡丹组成的"国色天香"图纹，图案主题表达的瑞丽、华贵、吉祥，正是长辈们对女孩子最大的心愿。图 2-88 的女孩肚兜的主图案是中轴对称的双凤双果纹样。每只凤凰也配有两朵花卉。在肚兜的上部图案，同样也是双凤穿花的纹样。"双凤"是女孩子较多的家庭追求的一个梦。"一家飞出两凤凰"民间称为"双栖凤凰"，必出于藏龙卧虎之仙域。图 2-89 的围嘴是最具民俗特征的儿童饰物。整体观察是"拼布绣"工艺的多彩凤凰，展翅翱翔的造型。细看融入了大量的吉祥寓意的独特设计：左面是昂首傲然的凤头，其头部绣纹的外轮廓是寿桃，俗意为福寿绵长、健康长寿之意；右边是飞扬怡得的凤尾，尾部绣纹的外轮廓是个石榴，俗间寓意"榴开百子"；凤凰双足绣制成如意造型，寓意吉祥如意；上下是凤凰明快流畅的双翅，每个翅膀又是独立的佛手变形，意为"金佛招福"。整个围嘴由七种颜色拼成，象征着"七彩人生"。

图 2-86

图 2-87

图 2-88

图 2-89

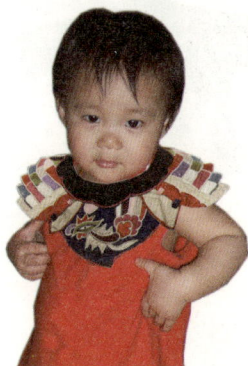

图 2-90

围嘴戴在女孩子身上（见图 2-90）"望女成凤"的意图油然而生，给女儿带来福寿双全，给家族带来子孙兴旺。

图 2-91 是儿童饰物凤凰女童帽，由云彩太阳和凤凰花朵组成了"丹凤朝阳"纹样。太阳具光明之意，构成女孩生活在完美、吉祥、明光的空间，寓意女孩将来位高而志远。图 2-92 是立体凤凰女童帽。图中的凤凰屹立在荷花的花瓣上，帽圈部分是牡丹与碧桃，象征盼女成凤，将来"因荷得偶"，富贵且福寿。图 2-93 是女婴凤凰童靴。一双童靴犹如一对飞翔的粉红凤凰。鞋头形似凤凰头，在鞋头部位垂吊着流苏装饰，沿着鞋头向上顺势绣出展翅翔翔的凤凰，整个凤凰图案舒展、灵动，姿容状美，形态妩媚。"凤凰童靴"借喻瑞鸟飞腾，映衬了家长望女成凤的遐想。

图 2-91

图 2-92

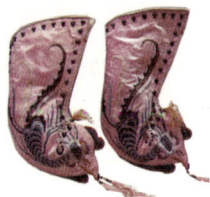

图 2-93

自秦汉以后，"龙"逐渐成为帝王的象征，而仪态端方的凤凰则象征着美丽、仁爱。龙与凤两者结合则太平盛世、高贵吉祥。因而帝后妃嫔们开始称凤比凤，凤凰的最初形象是凤为"雌"、凰为"雄"，后来逐渐雌雄不分，凤凰整体被"雌"化，成为皇后的专利。经常用于帝后的用具及衣物的装饰，成为帝后的象征。从汉代开始出现凤冠，成为古代皇帝后妃的冠饰，其上饰有凤凰与珠宝。汉代制度规定只有太皇太后、皇太后、皇后才能穿戴凤衣凤冠。明朝凤冠是皇后受册、谒庙、朝会时必戴的礼冠，其形制承宋之制而又加以发展和完善，因之更显雍容华贵之美。

凤文化悠久的历史和高贵的蕴涵，深受朝廷与民众崇尚。后来经过各朝历代的变革和更新，渐而广之，官宦妻女，甚至民女村姑也可穿戴。实际上它已不局限于皇家贵族，在百姓的衣食住行等生活方面到处出现凤的身影，如明清时一

图 2-94

般女子大婚时所用彩冠也叫凤冠（见图 2-94）。民间"盼女成凤"内容也与日俱增，大致包含以下四个方面：1. 期望自家的女儿美貌如仙（来仪凤凰）；2. 盼望自家女儿成为栋材（凤龙并尊）；3. 企望自家女孩女红超众（以凤比才）；4. 希望自家女孩出人头地（以凤比德）。

为了实现盼女成凤的意愿，除了穿凤衣，戴凤帽，着凤鞋外，凡是有条件的官宦之家和书香子弟的女孩子，从小就请家庭教师授予"琴、棋、书、画"，并传授"女红"等女子手艺，祈盼自家的女童将来成凤成凰。在《诗经·大雅·卷阿》里曾记载："凤凰鸣矣，于彼高冈。梧桐生矣，于彼朝阳。"古人常把梧桐和凤凰联系在一起，所以人们常说："栽下梧桐树，自有凤凰来。"过去的殷实人家，都在自家院子里栽种梧桐树，创造"盼女成凤"的条件和环境。

第八节　童履求子习俗

民间有关求子、盼子的礼仪习俗源远流长。生儿育女尤其是生男孩，是关系到"上以事宗庙，而下以继后世"传宗接代的头等大事，因此历来受到人们的重视。从远古时期的生育神话，到民间千奇百怪的祈子习俗，内容丰富而深广。它根植于广大人民群众的历代生活当中，对现代社会的生育习俗产生相当的影响。中国的儒学思想就是发端于生殖崇拜文化，儒学对社会的影响是通过教化手段，使民间的生育信仰观念愈来愈走向世俗化，民间童装里反映着生殖教化的内容，保留着大量的生殖崇拜习俗。鉴于民间赋予了衣饰求子作用，儿童鞋帽服饰本身俨然成为一种蕴涵生命，体现物我一体、天人合一的特殊媒介作用。

图 2-95

在很多方言中，把"鞋子"念作"孩子"。中国传统的谐音信仰和生殖崇拜赋予了衣饰中"鞋子"生殖的神奇功能。在旧时江苏青浦黄渡镇一带，若婚后妇女急于怀孕生子，一定会前往黄渡镇东头祖师堂前的送子观音处，恭敬虔诚地烧香告祷，同时乘人不备，偷走一只生子观音的绣花鞋（见图 2-95），期望回家便能怀孕生子。这里有一个条件，如若生子以后，要把该子送给观音菩萨做干儿子。由于这双鞋子的神灵之处是生子，所以孩子的鞋更具优势。故全国各地的求子鞋大多是童鞋。

观音既是一位法力无边、大慈大悲的菩萨，也是民间的生育之神。各地民间也普遍有求"送子观音"送子的习俗。在山西地区向观音菩萨求子用"以鞋换孩"做法。那些没有儿子的已婚妇女求子心切，往往在年初绣制一双精巧小童鞋（见图 2-96）放在送子观音像前，心中默默祷告，祈盼观音大发慈悲尽早送子。如果到了年中仍旧不孕便可以把童鞋取回。如果真的如愿得子，这双鞋自然就供在佛桌上不再取回了。若要再想得一个儿子，必须另外做一双童鞋上供观音。观音送子（见图 2-97）的传说在我国流传甚广，因此向观音祈子的习俗也多种多样。

在浙江青田地区，民间也有这样的习俗：夫妻结婚多年不育，前去送子观音祈愿时，必须要携带着自己亲手做得精致的婴儿鞋（见图 2-98），虔诚地供在观音菩萨像前，恳求观音赐予子女。后来青田地区的石雕业逐步发展起来，求子心切的家庭将名贵的青田玉石雕刻成小鞋（见图 2-99）送到观音面前，以表明自己求子之心坚如玉石。在这里，青田玉鞋成了迎接"新生命"的象征。

图 2-96

图 2-97

图 2-98

图 2-99

图 2-100

除了观音菩萨外，全国各地都有各自的求子娘娘。在浙南闽北，每年农历正月初八，俗称"长八日"，求子村妇都到当地太阴宫向陈十四娘娘乞子。陈十四，原名陈靖姑，九十三岁去江西，在闾山学法，后成为孕产佑子、为民除妖的女性神主。村妇在神像前顶礼膜拜求子后，摘一双挂在神像前的小鞋（见图 2-100）带回家。若在太阴宫乞讨得子，则做三四双小鞋还愿。

在安徽宿松县的小孤山顶上祭祀着一位女神，庙中设有梳妆台，其龛后藏有很多小鞋。宿松、彭泽两县祈望生男孩儿的妇女都到这个庙跪拜烧香，寻机暗偷小鞋藏怀中。归家后，若显灵实现愿望，则回送更多的小鞋还愿。

河南省焦作市的云台山有一窦娘庙，在娘娘塑像后边放着许多小童鞋。不孕妇女到娘娘庙内偷一双小童鞋，藏在自己的睡床里。若真生了孩子，偷藏的鞋子给自己的孩子穿，另外再做两双或四双送还庙内。让别的乞子者去偷。娘娘庙里的小鞋，有人偷有人送，永远偷不完。民间认为此种方法十分灵验，当地传说有的人送过几十双小鞋。

连云港市旧时在每年农历三月二十有墟沟庙会，这是庙里供奉的注生娘娘的生日。这一天，四乡八镇未孕妇女都要到庙里求子。她们事先做好几双精致漂亮的、八厘米长、四厘米宽的绣花小鞋，即日进庙时，把带来的小鞋端正地码放在注生娘娘像前。小鞋头一律朝外（见图 2-101 马刚绘），寓意孩子将从注生娘娘那里走向自己怀中。在祈祷跪拜后，偷偷地把别人做的小鞋顺走一双，据说这样就可以有孕生子了。

江苏苏州周边县的不孕妇女集中到上方山膜拜女神太姆（又称太姥）。求子者要准备好水果、糕点等礼盒，到上方山顶楞伽塔内太姆房中去讨一双小鞋子带回家中，这种小鞋用彩纸折成（见图 2-102），甚是小巧精致。所谓"讨小鞋"，当然是客气话，不花拜神钱是讨不到的。

图 2-101

在青海北武当山的西北悬崖之中，有一处山洞叫"老虎洞"，洞中塑有子孙娘娘等，每到夏秋季节，求子者纷纷到洞中焚香祈祷。洞的右边有一门，凡求子者须深入其中，于幽暗中伸手摸索。若能在洞中摸到小鞋，便视为荣获得子信物，会如愿生子。待到生子后再做一双小鞋来还愿。这就是青海民间所

图 2-102

谓"黑虎洞里揣儿女"这一俗语的源起。对这种摸鞋得子习俗迄今犹存。清末民国期间的西宁诗人基生兰在其《元朔山老虎洞竹枝词》中描写得最为传神：

崎岖石径傍危崖，绿绕洞前密树排。

娇稚裙衩也冒险，暗中摸索小红鞋。

摸得小鞋拱壁洞，芙蓉面上带春风。

殷勤试向郎君问，何日重来此山中。

在甘肃省天水市一带，头生子夭折或头胎为女婴的人家，要把所生头胎婴儿的胞衣内装进一只多子人家小儿的童鞋，同时装 7 颗枣、7 只核桃，然后用 7 根新针穿入 7 根红线，左 4 针右 3 针缝在胞衣口上，再装入一个瓦罐埋在枣树或核桃树下约二三尺处。当地民俗认为如此一定会重新得子。假如头胎是女婴，则须先把胞衣翻过来，其他做法一样。

在民间求子的民俗活动中，还赋予了儿童衣装求子功能。家庭中有了女儿而无儿子的汉族妇女常给女孩子穿"报喜衣"以求儿子。所谓"报喜衣"，就是绣有生殖崇拜的求子图案的女童装。在我国常见的生殖求子图案有以下几类。

莲花莲子

图 2-103

"莲花"在此处被民间喻为女性或女性生殖器官，"莲子"指娃娃、贵子。如图 2-103 的儿童肚兜上，一个男童站在莲花中，身旁多籽多粒的莲蓬子具有多产的诱力，莲与连又同音，寓意连生贵子。围绕孩子的有多福（佛手），多子（石榴），多寿（寿桃）三多图案。因为在中国纹样谱中，荷花与莲花同为一类花。所以生子图样五花八门，计有：孕子莲、露子莲、莲里生子、莲台坐子、莲开立子、莲蓬站子、荷叶生子、娃娃喜莲、双子喜莲等，隐喻子孙繁衍，生命萌生。

葫芦生子

因葫芦圆形，且腹中多籽，从隆肚外部形态到多籽的内涵都具备

生殖象征特点，因此人们把繁衍子孙、延续
种族的希望寄托在葫芦身上，并尊为上天
司掌生殖的神灵。《闻一多全集·伏羲考》
记录"汉族以葫芦（匏瓜）为伏羲女娲本
身，……为什么以始祖为葫芦的化身，我想
是瓜类多子，是子孙繁殖的最妙象征，故取

图 2-104

以相比拟"。葫芦图案造型的求子衣饰在民间常见的有"葫芦生子围
嘴""葫芦纹样肚兜"（见图 2-104）。

瓜瓞绵绵

《诗经·大雅·绵》中有"绵绵瓜瓞，民之初生"的诗句，《集传》
解释说："瓜之近本初生者常小，其蔓不绝，至末而后大也。""瓜"是
大瓜，"瓞"是小瓜，绵字从帛从丝，织帛的丝当然绵绵不绝，大大小
小的瓜自然被认为是子孙后代绵延不绝的象征。图 2-105 是一只女孩
子的三寸金莲的鞋底，在鞋底上的刺绣纹样是一个瓜和一只蝴蝶，其
"瓜和蝶"的谐音为"瓜瓞"，即大瓜小瓜绵绵不断。瓜既然被赋予了
这样具有非凡生育能力的神秘力量，千百年来，民间便自然产生了各
种各样的祈瓜得子习俗。汉口旧时，每值中秋月夜，凡娶新妇之家数
年不孕者，各亲友相约集资作送南瓜
之举，取"瓜瓞绵绵"之意也。徽州
也有中秋送瓜之俗，娶妇数年不育者，
则亲友必有送瓜之举。受瓜者则须设
盛宴款之，妇得瓜则剖食之。在江苏
六合，又以瓜为男子性器的象征。乡

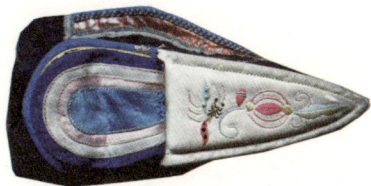

图 2-105

村未孕妇女在中秋夜晚到地里摸瓜，谓之"摸秋"，以为一经接触瓜，即可怀孕生子。

榴开百子

图 2-106a

古人称石榴"千房同膜，千子如一"，在民间不仅是丰产和多子的象征，更蕴含着一种吉祥的文化内涵。因此，在中华求子文化中，人们常用石榴表达生殖崇拜的祝福。这些"石榴多子""榴开百子"的主题纹样，大多采用剖示方式，暴露出石榴籽粒丰满的"透视"效果。图 2-106a 是江浙一带的儿童圆枕头，其两头的枕顶纹案是石榴生子图。一个孩子在石榴中，身边是累累的石榴籽，寓意富贵花开，

图 2-106b

榴生百子。在图 2-106b 的儿童枕顶纹样中，饱含籽核的石榴里面有两个孩子。一个手持宝盒，一个手举荷花。寓意是"榴开百子、和合百年"。表达了一个家庭不仅要多子，还要和谐的理念。民间逐渐形成了以石榴相赠，祝福多子多福的习俗。植物的花蕊、籽核部位也常组成求子图案。反映出花果的生命状态。求子图案有的运用"拟人化"手法，有的则为植物与人物的"复合形"。

双鱼娃娃

闻一多在《说鱼》一文中，指出中国人从上古起即以鱼象征女性，情侣鱼象征配偶。从表象来看，因为鱼（更准确地说是双鱼）的轮廓，与女阴的轮廓相似；从内涵而言，鱼腹多子，繁殖能力非常强。图

2-107 是一顶女童双鱼帽，两条鱼巧妙地设计成一个共用鱼头。每一边的鱼（见图 2-108）形象生动活泼，上下各两片夸张的鱼鳍和鱼鳞的艺术处理，既迎合了孩子的童心，也表达了母亲祈盼多子多孙的心意。

图 2-107

在多处母系氏族社会遗址出土的陶器上绘有或刻有鱼纹符号，这些符号象征女性生殖器和女性生子的形象。在鱼娃的题材中，有面似孩童身似鱼的鱼娃，有鱼尾做成孩童足状的鱼娃。这里的象征意义就是鱼（女阴）能生娃；鱼娃，就是鱼生的娃。

图 2-108

在现今民间图案中还遗存"阴阳鱼""八卦鱼""双鱼娃"。双鱼中间的人面（见图 2-109），就是双鱼交媾产生的新的生命——生命之神的象征。

图 2-109

多子蛙纹

从外表上来看，青蛙鼓胀的肚腹和孕妇都是圆润和饱满的；从内涵上来看，蛙的繁殖能力极强，一夜春雨便可育出成群的幼体。渴望生殖的先民便视蛙为生殖旺盛的象征，在它身上注入了生殖崇拜的强烈色彩，期冀对它的崇拜能有助于增强女性的生育能力。图 2-110 的儿童肚兜中间

图 2-110

是一只蛙，四面似乎是四种毒虫，但已经全部拟人化了；突出了蛙与生子的关联。

蛙从原始时代就被人类用来象征女性怀孕的子宫，亦即生殖崇拜的文化产物。中医学至今还把女性阴户称为蛙口。蛙的形象逐渐演变成了"卍"样式。文化专家认为，卍纹应该是蛙纹图的变异版，卍字和蛙纹一样，象征女性子宫衍生出来的生殖崇拜。所以，卍字还可以理解为祈孕求嗣。有些祝愿求子图案中，经常利用卍字的四个拐头，延伸出美妙的连续花纹，形成子孙繁衍的"万子"纹。

十二生肖

十二生肖，又叫属相，是与十二地支相配以人出生年份的十二种动物，所以十二生肖又是十二地支的形象化代表，即子（鼠）、丑（牛）、寅（虎）、卯（兔）、辰（龙）、巳（蛇）、午（马）、未（羊）、申（猴）、酉（鸡）、戌（狗）、亥（猪），成为民间文化中的形象哲学。生肖文化主流属于平民文化，具有通俗性、生活性，深受传统阴阳五行哲学的影响，体现了天人合一的普世精神。

十二生肖的起源与动物崇拜有关。1975年湖北云梦睡虎地发掘的秦代竹简和1986年甘肃天水放马滩出土秦代竹简，都证实早在先秦时期即有比较完整的生肖系统存在。最早记载的与今天相同的十二生肖的文献是东汉王充的《论衡》卷三《物势篇》。可见，最迟在东汉时期十二生肖已全部定型。十二生肖动物可分两大类，即"六畜"（马牛羊鸡狗猪）和"六兽"（鼠虎兔龙蛇猴），"六畜"是先人们在农耕经济中专门驯养的家畜，而"六兽"是与人类生活密切相关的兽类，有些动物曾被作为氏族的名号标记。

十二生肖不只是以普通生灵融入中国人生活，而是作为中华民族悠久的民俗文化符号，古往今来留下了大量象征意义。其中最具民俗特征的是连绵不断的十二生肖寓意"连生贵子"；十二属相齐聚一堂，尽享多子多福。特别是十二生肖的领头老大老鼠，一贯被民间视为多子的象征。在全国各地都有老鼠与葫芦、葡萄、石榴等多籽植物组成的多子图案，强化了十二生肖繁衍后代的愿望。十二生肖《莲生贵子图》，一直是民间年画的永恒主题，如河北省武强县清朝时期木刻年画、传统的大众喜闻乐见的《莲生贵子图》（见图2-110a），三头六娃的六喜儿凸显了"贵子多多"，十二生肖圆聚一堂循环反复体现了多儿多女。图2-110b是一件小儿和尚衫。衣衫前片和后片（见图2-110c）十二生肖图案圆满齐备，每只生肖都花果缠绵，反映出母亲祈盼"贵子绵绵"、"子孙繁衍"的美好愿望。

图 2-110a

图 2-110b

图 2-110c

第九节　兽王庇子习俗

老虎是华夏本土的动物，华夏先人视虎为伸张正义的义兽，也是汉族先民崇拜的图腾。先民和老虎的关系最早可以追溯到上古时期。早在距今约六千多年的新石器时代，原始部族在陶器、石器及玉器上便刻上虎的图像。在河南出土的仰韶文化时期的墓葬中，虎与龙分别居于死者左右，从中可以看出虎在先民心中的地位。相传，在上古时代，由于"天塌地陷"，人间只剩下伏羲、女娲兄妹二人。为繁衍人类，二人就各自寻找配偶。因遍寻无人，便以滚磨为媒兄妹成婚。女娲羞于见兄，遂扮成老虎，以草帽遮面，与其兄成婚，使华夏民族延续下来。所以老虎不是普通意义上的瑞兽和吉祥物，它反映了华夏子孙对人祖伏羲、女娲的怀念与敬仰，是早期的人类繁衍崇拜。

《风俗通义·礼典》云："虎者，阳物，虎督万物，百兽之长，能执搏挫锐，噬食鬼魅。"老虎作为"山大王"，被人们认为是一种极具阳刚之气的勇敢与威严的瑞兽。传说虎不仅能吞食鬼魅、威慑敌害，还能庇佑人神、赐福示瑞。老虎具备的这些特性，极大地迎合了人们借物祈福的美好愿望，自然而然地成为人们崇尚的对象。中国民间也一直将虎当作可辟邪降灾的保护神，民俗一向有着"皇帝爱龙，百姓爱虎"的说法。不仅中国民间喜爱虎文化，外国也大有爱虎人士。国外曾经测试过全人类最偏爱的动物，测试活动的结论是老虎排在所有动物的前面。

狮子不是中国原产的瑞兽，李时珍《本草纲目》称"狮子出西域诸国，为百兽长"。据说狮子在西域有"草原之王"的称号。狮子是文殊菩萨的坐骑，文殊菩萨是大智慧的象征，能开发智慧，尤其能帮助小孩学业有成，所以有文殊菩萨的地方就有表示智慧的狮子的身影。

在汉朝，随着佛教的传入，狮子开始走入中国人的精神生活。中国传统文化接纳了可以驱邪辟鬼的狮子，对它厚爱有加，尊称之为"瑞兽"，抬到了与老虎不分上下的"森林之王"的地位。人们甚至按照老虎的形象来塑造狮子，让狮子成为人们观念中新的百兽之王。

在生产力极为低下的古代社会，人类在强大、神秘的自然面前容易产生畏惧心理，便期望威猛的狮子能为人类增添智慧与力量。在南北朝时期民间每逢喜庆节日，华夏大地普遍出现舞狮的习俗。乡民认为舞动的狮子有驱邪镇妖之功，于是每到春节便挨家挨户舞狮拜年，以示消灾除害、迎接吉祥之意。

相传佛祖释迦牟尼降生时，初出胎即能安详起立，自行七步，目观四方，高声说偈：世间之中，我为最胜。所以佛教称狮子为庄严吉祥的神灵。狮子以文殊菩萨坐骑的形象传入中国后，百姓因尊佛而敬之坐骑，赋予狮子镇宅避邪的神力，灵兽狮子就成了我国看守门户的吉祥物。古代的官衙庙堂、豪门巨宅大门前，都摆放一对石狮子用以镇宅护卫。

古代医学不发达，新生婴儿夭折颇多，普通百姓很难把一个小孩顺利养大成人。乡民们把孩子的病疫与夭折认为是邪魔作怪，并归罪于看不见、摸不着的恶鬼身上，于是把战胜恶魔的希望寄托在吞食鬼魅的百兽之王——老虎和狮子两个瑞兽身上。因此，人们把老虎、狮子两种能降伏一切妖魔鬼怪的"兽王"作为孩子健康成长的保护神。由于虎、狮文化在中国传统中有着深厚的根基，且老虎、狮子都被民间认为是威力无比的，所以老虎和狮子的形象和象征，在民间已经随着时间的跨越，近乎合而为一了。它们同是百兽之王，都被视为保佑着孩子的神兽。山东沂水民间还流传如下俗语，"家里有狮虎，平安又幸福"。特别是老虎，其在民间方言中，"虎"与"福"谐音，更具为民赐福、为儿护佑等文化内涵。民间常见的庇护孩子的兽王童装有以下类别。

帽类

图 2-111 和图 2-112 的虎头帽特征相似，特点是血红嘴巴配白色门牙，上下各龇两颗虎牙且立耳凸眼。为了张扬兽王的威武，在虎额上刻有明显的"王"字标志。图 2-113 狮子帽的造型特点是狮子头部的一圈绿色鬃毛，眼眉与耳朵皆大。图 2-114 的狮子帽造型别致，一只有头有尾的全身狮站立在童帽的背面，似乎在替孩子警戒后方的妖魔。其中狮头的耳朵和眉眼几乎占了整个头部的一半多（见图 2-115）。

图 2-111

图 2-112

图 2-113

图 2-114

图 2-115

鞋类

图 2-116 中的虎头鞋比虎头帽的虎脸虽然简单，但气势却不亚于虎头帽。特别是两只凤头眼，既犀利又威严，一副为孩子站好岗的姿态。图 2-117 是一双儿童虎靴，鞋面上刺绣虎身，虎头另用布料补贴。靴筒上高高卷起的虎尾在宣告护佑孩子的责任。图 2-118 狮头鞋以其壮美的红色鬃毛和一对硕大的眼睛来体现它的神圣和不可侵犯。也有的狮头鞋用彩色拼布绣制，虽风格不同，但威猛神态不变（见图 2-119）。

图 2-116

图 2-117

图 2-118

图 2-119

衣类

图 2-120 是一件虎头围嘴，由虎头、四肢及虎尾共六瓣组成。两只耳朵和尾巴呈立体形态自然下垂，虎额上的"王"字赫然突显，表达了唯我独尊的霸气。当虎头围嘴围在孩子胸前时（见图 2-121），老虎给孩子壮胆、护卫孩子幸福的作用一目了然。图 2-122 是男孩蓝色虎头肚兜，吐舌瞪目的老虎呈现时刻警惕妖魔的卫士形象。图 2-123 是女孩

图 2-120

图 2-121

图 2-122

图 2-123

红色狮头肚兜，面目较为温和慈善。肚兜上部的凤凰来仪，表明狮子在为女孩将来成人成凤保驾护航。

　　为保佑新生命的健康成长，母亲常常把老虎、狮子的形象作为孩子服饰的模仿对象。大人期望借助虎、狮的阳刚之气和神武之威，使其成为孩童祛病、延寿的护卫神。在童装民俗中，我们常常看见孩子们头上戴着狮虎帽，脚下穿着狮虎鞋，脖子上围着虎头围嘴，手上套的是虎爪暖袖和虎头手套（见图 2-124a 和 2-124b），肚上系着虎面肚兜，外面套着虎头坎肩（见图 2-125）。睡觉时头下枕着全虎枕头（见图 2-126），孩子整个儿被瑞兽立体护卫着（见图 2-127），从头到脚的穿着打扮处处体现瑞兽对儿童的"贴身"庇护。尤其是全虎枕头，孩子抱着老虎枕头睡觉时，只要每天"摸摸虎头，吃穿不愁；摸摸虎嘴，驱邪避鬼；摸摸虎背，荣华富贵；摸摸虎尾，十全十美"。小儿在兽王

图 2-124a

图 2-124b

图 2-125

图 2-126

图 2-127

的庇护下必将十全十美、健康康地长大成人。尤其在毒虫四出，瘟疾肆虐的时节，母亲不仅要给多病孩子戴虎头帽，着虎头鞋，还要穿上虎皮衣裤。图 2-128 是 1918 年当时北京孩子的"全虎"装扮。为了请老虎保护弱小孩子免遭病侵，有的地方则

图 2-128

图 2-129

裁艾片为虎形，或剪彩纸为虎形挂在孩子肩上。同时还用雄黄酒抹在小孩额上画成"王"字，犹如虎额印记，有的地方还要穿"狮毛裤"（见图 2-129），借用狮虎之威镇灾辟邪。这都反映了瑞兽文化在儿童成长中的重要地位。

第十节 吉言祝子习俗

吉言文化是中国特有的语言文化现象，吉言在传统文化中，常常以大吉大利的言辞来体现祝福情怀和情爱意识。吉言的吉字在三千年前的《易传·系辞下》中定义为"吉事有祥"，则吉言文化实际上就是吉祥民俗，表达人们避邪求吉的心理。随着历史的发展，吉祥意识、吉祥符号逐步凝练成为吉祥文化。"吉"意为顺利、美好，与"凶"相对。犹如现在人们常说的吉言、吉兆、吉利、吉日等。吉祥文化的传播与作用从古至今无处不在。吉祥代表的是"吉利"与"祥和"。《说文》中说："吉，善也；祥，福也。"一句话，吉祥就是福气，就是事事如意、美满顺心、趋吉避害。在绵延数千年的中国传统文化长河中，吉祥文化是一项十分重要的遗产，是中国优秀传统文化的重要内容。它凝结着中国人的人生情感、护儿意识、祝福情趣。源远流长、博大精深的吉祥文化，其核心在于帮助人们渡过难关，激发人们美好的意境。当先民们对人类自身疾病、夭折和死亡充满不安定感时，需要借助吉言文化来祈祝吉祥平安。人类首先以生存需要为中心，吉言文化自然就激发出人们趋吉避邪的求生本能，帮助人类面对严酷的大自然，消灾灭害，祝佑平安。

古代社会最担忧的莫过于孩子的夭折与早逝，即人类自身繁衍的危机。民间极端缺医，致使婴儿夭折难以避免。既使皇宫中有太医精心守护，很多孩子也照样不得存活。比如在宋代，婴儿的夭折率相当高。据统计，宋代皇帝的子女除度宗二子死于战乱外，其中夭亡者82人，约占一半。皇室尚且如此，民间的情形可想而知。又如康熙皇帝从康熙六年到康熙十六年的十年间和皇后、嫔妃共养育15个儿女，而长大成人的仅4个。又如清朝嘉庆年间的名臣、书法家、礼部尚书德保之子英和在十九年间与结发妻子生育了六子六女，共12胎，其中活下来的只有二子一女。这两个显赫家庭的幼儿存活率仅在 25% 左右，可见无论宫廷还是百姓，追求的理想就是保护孩子健康成长，故孩子长命成为社会上吉言文化永恒的主题。如图 2-130 的童帽帽披上的"长命"两字，当然不仅仅是命长，还要有福气，帽顶上的佛手和仙桃补充了"福贵"的吉语。吉祥民俗的文化内涵主要表现在日常生活中"趋吉避凶"护佑孩子，在吉日庆典中"逢瑞求吉"祝福孩子。祝福孩子吉祥如意有福贵，已成为根植于本土吉言民俗的重中之重。

图 2-130

护儿吉祥文化是通过各种手段和形式，遍及儿童着装的各个方面。因此了解了儿童服饰中的吉祥习俗，也就通览了中国的吉言文化。

国学经典《诗·大雅》曰："既受帝祉（同福），施与孙子。"古人在两千年前就明确要求先辈祝孩子的"福与祥"，逐步成为民间祈望子孙繁荣的民俗事象。古人云，所谓"吉者，福善之事；祥者，嘉庆之征"。为使孩子顺利长大成名，母辈们便把"福贵"之佑的意愿，用吉言汉字、吉祥图案、吉祥之物等各种祝愿形式移植到儿童服饰上，意在用吉言文化时时刻刻保佑着儿童康宁福贵。

民间童装中常用的吉言民俗，以吉言文字为主，还有约定成俗的"语言"。这些特别语言，包括相应的图案、符号、传说等，目的是为儿童驱灾避邪、去秽除魔，期望孩子平安好运、幸福安康和吉庆祥瑞。

图 2-131

图 2-132

图 2-133

图 2-134

民间常用的表达父母祝愿孩子的吉言民俗大约有以下几种。

文字类吉言

儿童的衣服鞋帽上常常绣上"长命""百岁""富贵""福寿"等典型的吉言文字，反映了人们祝福儿童、追求吉利的思维方式。图 2-131是一顶"保康宁"童帽，吉言的目的明明白白，就是期望孩子健康、安宁。在该帽后侧的吉言（见图 2-132、133）更加具体，"贵儿福禄多"，即不仅健康，还要多福多禄。图 2-134 孩子的童帽前面吉言是"福寿"，其后面的吉言（见图 2-135）再一次强调长命，而在帽披上又大大地重复一个"寿"字。希望孩子在前后两个"寿"字的祝福下，长命百岁。图 2-136 童帽的吉言"福禄"和图 2-137 吉言"祯祥"都是特制的汉字，买回来钉在帽子上即可，省去了绣制的工艺。

图 2-135

图 2-136

图 2-137

这说明旧时童装上的吉言，已经"俗定成规"了，有了一定的范本和规格。虽然童装由母辈们家庭缝制，但常用规范吉言已经商品化了。除童帽以外，吉祥

图 2-138

图 2-139

文字也在童衣（见图 2-138）和童鞋（见图 2-139）上出现。

　　吉祥文字是指对儿童期望的直接表达。文字类的吉言分为基本含义和引申含义。如吉言"年年有余"基本含义为孩子的物质生活富裕，其引申含义为孩子"寿命有余"，即生命年年有保障。吉言文字一般集中在富贵类、康宁类和长命类。在单个字中，古今民间对儿童最美好、最淳厚的吉言字，莫过于"福"字。包括幸福、福气、福运等含义。

动物类吉言

　　儿童带"猪头"围嘴（见图 2-140），取猪"黑色"，黑色称"骐色"，象征骐骥，祝愿孩子如千里骐骥在人生道路上"一马平川"。图

图 2-140

图 2-141

2-141 是儿童"公鸡"肚兜，因公鸡有冠，示意孩子不但成人，还要成才，祝愿孩子将来官上加官。孩子一手举着书本，一手握着如意，其吉祥语言表达的是"科举门第，人生如意"。"双鱼"童

鞋（见图 2-142）祝愿孩子如鱼得水，活泼自在，且遇河不淹，过水不溺。由于鱼目不闭，则取其夜不瞑目，日夜守护孩子之寓意。

图 2-142

植物类吉言

图 2-143 童帽前佛手的"佛"不仅期盼孩子受神佛护佑，还谐音同"福"。仙桃肚兜（见图 2-144）中寿桃和蝙蝠（代表"福"字）的吉言是祝愿孩子福寿双全。民间还常常把佛手、桃子（见图 2-145）和石榴三种果实组合而成"三多"童帽图案，来祝愿家庭子孙满堂，孩子福寿多多。图 2-146 的牡丹纹背心由盛开的牡丹和枝叶繁茂的缠枝纹组成，其吉言语言是"福寿缠绵"，祝愿孩子花开富贵、吉祥平安。

图 2-143

图 2-144

图 2-145

图 2-146

図 2-147

谐音类吉言

以谐音民俗的方式来隐喻美好祝愿，是中国自古以来广为流行、以祈福求吉为主旨的吉言文化。汉语的同音字很多，往往同样的读音对应着多个字符，这为通过谐音的途径造就吉言民俗创造了方便条件。如图 2-147 孩子穿的童裤是有意识拼接成蓝、紫两色，则谐音为"拦（蓝）子（紫）"，意把儿子永远拦住在阳间，其吉言仍旧是"长命百岁"。在婴孩鞋头上绣兔子（见图 2-148），因和"吐子"谐音，象征着子子相随，命命相接。兔鞋也寓意跑得比别人快，鞋底子又绣了一条金鱼，谐音孩子富贵似"金玉"。民间常常把众多个柿子（柿与事谐音）与如意组合，意寓祝愿孩子"事事如意"。

图 2-148

传说类吉言

很多民间的吉言民俗出于民间神话故事和传说，一代又一代的人通过口耳相传的方式，将故事延续下去遂相沿成习。比如儿童枕头两个堵头（枕顶）的图案多用"和合二仙"的故事（见图 2-149）。这个来自于寒山与拾得两人的生平传说：寒山是一个流浪汉的寒酸贫子，拾得是在荒野捡拾的弃儿。两人虽非亲非故，但萍水相逢，却能以诚相待，患难与共，幸福和谐。所以"和合二仙"历代形象上都为活泼可爱的孩童像。两位笑容满面，一个手持怒放荷花，另一个手捧五福圆盒。呈现"和合二仙"之意。传说他们的宝盒之中装满了金银财宝，两人形影不离和睦生财的形象，充满了企望孩子美满如意以及将来日进斗金的幸福象征。

民间流传福、禄、寿为天上三吉星，福——寓意五福临门，禄——寓意高官厚禄，寿——寓意长命百岁。中国民间喜欢将三星象征幸福、吉利、长命的祝愿吉言。图2-150的童装上衣上面绣有福、禄、寿三星聚在一起的画面，表现的吉言是孩子"长大有福，功成名就，健康长命"。图2-151是童帽帽披上的"刘海撒钱"图案，来自"道教祖庭"陕西省西安户县刘海故里的传说："刘海生来有仙根，生在户县曲抱村，玉帝将我亲封过，封我四方活财神，福泉之水撒人间，行走步步撒金钱，一变十来百变千，有福有财都是仙。"刘海形象在民间是一个手里舞着一串钱、金蟾相伴的童子，它是传统文化中的"财神"，是民间广为流传的求吉童子，吉言就是祝福孩子"多财，多福"。

图2-149

图2-150

图2-151

第三章 儿童礼仪服饰文化

儿童礼仪服饰指的是儿童从出生到成人这一人生阶段中，民间相约成俗的各类仪式上所需的传统服饰。从胎儿期到成人期的时间段内计有催生礼、诞生礼、三朝礼、十二礼、满月礼、百日礼、周岁礼、十二岁礼、成年礼等礼节仪式。在每个礼仪中都存在着各自特定的儿童礼仪服饰。这些礼仪服饰大都是在仪式中祝福孩子和保护孩子的，寄托了亲人们对孩子平安成长的愿望和孩子长大成人的喜悦。

　　在长期落后的封建社会中，简陋的生活条件和自然界的灾病等原因使得婴儿死亡率极高。人们为了使孩子能够平安长大，把希望寄托在儿童服饰的"神"与"灵"中，寄托在虔诚的心灵祈盼当中，反映出万物有灵的心理依赖。随着孩子的成长，长辈们还是积极地通过各种服饰形式，帮助孩子在劣境中求生存，表达了他们对新生命的热爱和尊重。这种民间的习俗丰富而又淳厚，它的内涵非常俭朴——一切为了孩子，包含了人们对孩子未来的美好愿望，对孩子富贵幸福的追求，以及对世间恶魔的抗拒。

　　古今中外，在人类的这些人生时段中，都会用各自传统的仪式做出"广而告之"，由此获得社会群体和家族的承认与关怀，这也是人生礼仪的积极意义所在。我国儿童在成人前的这些人生礼俗，本质上就是华夏大地上的新生命在社会地位中的生存表白。每一个礼仪都是炎黄子孙在生命文化中的一个个闪光点，反映出中国家族的子嗣观念和人类的繁衍意识。在不同的礼节仪式上都需要不同的服饰礼仪，突显出不同的民俗功能，映射出丰富而深刻的文化内涵和人文意义。因为服饰礼仪是一种象征，一种认同，也是一种交流。群体与社会正是通过这种礼仪对新的成员予以接纳与关心。正如国学大师梁漱溟先生所讲："礼的要义，礼的真意，就是在社会人生各种节目上要沉着、郑重、认真其事，而莫轻浮随便苟且出之。"

　　现在很多家庭都是独生子女，家长们非常重视孩子的人生礼仪。于是在孩子的这些礼仪中，就不再仅仅是家族节日，甚而扩大到了社会关系、朋友、同学、同事，这样人生礼仪也逐渐发展为社会关系网的一次大派对。

第一节　催生礼仪服饰

在中华生育文化中有一个很特别的礼仪，就是孕妇的娘家人到婆家去进行的催生礼仪。这也是以儿童服装、服饰为主题的孕期关怀礼节。催生礼仪的时间一般不过足月，即孕妇预产期的前一个月。具体催生日子都是按照农历挑一个吉祥日子，虽然各地不同，但大多数选定在阴历初一或十五，俗言道："初一不催，十五催。"催生的目的就是通过"催生仪式"，从经济和心理两个方面来帮助出嫁的女儿。既要出钱出物替女儿解决后顾之忧，还要提供孕妇对新生命胎教的环境，提高准妈妈的心理素质，做好潜意识的胎教，祝愿女儿能顺利生产一个出人头地的下一代。

催生礼俗源远流长，至少在宋代，民间就很普及。如宋代著名民俗学者吴自牧在《梦粱录·育子》中描述道："杭城人家育子，如孕妇入月期（古称足月为入月）将届，外舅姑家以银盆或彩盆……及孩儿绣彩衣，送至婿家，名催生礼。"

娘家人在催生那天带到婆家的物品中，最关键的催生礼品是一整套铺盖、衣服鞋帽。其繁简程度，依据娘家的经济情况而定。各地家庭要给婴儿准备的催生衣物不尽相同。

浙江民间讲究，孕妇分娩前一个月，娘家人送的催生礼叫"落月"，礼物中有一套给小宝宝用的小被褥、衣服鞋帽。四川一带称催生礼物为"小陪送"，意思是，娘家不光陪送女儿出嫁的嫁妆，还要陪送她的将要出生的儿女的礼物。

中原一带都要送"头挡儿"，这是用袼褙剪成两三尺长的小围屏

（见图 3-1），外裱以红色的绸缎面，绣以牡丹、凤凰等吉祥图案或长命百岁的吉祥语，立于婴儿枕前。民间认为婴儿出生后，头囟（xìn）还开着缝，头部怕风，用"头挡儿"挡住头部。

图 3-1

催生的小宝宝的四季衣服、帽子以及孩子必用的褓褓、围嘴、斗篷、屁帘、尿垫，等等，一定要打包成一个"催生包"（农村多用担挑，故称"催生担"）。一进女儿婆婆的家门，要直奔女儿住的房间，将装满婴儿衣物的"催生包"，从窗户外投到孕妇的床上，她们以催生包的朝向预卜孕妇生男生女。圆圆的"催生包"犹如孕妇隆起的肚子，俗间认为男娃在娘肚里喜欢抱着妈妈，所以一般都脸朝里，所以催生包的圆肚朝里就会生小子。还有的娘家事先在"催生包"里藏一个染红了的熟鸡蛋，当在女儿面前打开催生包时，故意将里面的"红蛋"滚落到地上，让预先一起进入房内的本家男孩子马上捡走"红蛋"。这个情节的设计，既是期盼孕妇将会生一个男孩，也是希望产妇分娩时犹如红蛋滚落一样利索。

为了在催生活动中借助健康孩子的阳气和灵性，外婆家往往去讨别人家孩子的旧衣服来做催生的衣裳。她们尽量寻找别人家存下的孩子服装，或者专门向多子女家庭乞讨婴儿衣服。一种做法是把要来的旧童装拼凑缝制成婴儿被面，用柔软的布料做被里子。另一种方法是先把旧衣服裁剪成小布片，沿袭"百家衣"的习俗制作传统的婴儿和尚领衫与开裆裤，但规矩是袖口和裤口不可封边且留有毛边。民间认为穿这样的毛边童衣孩子不会受约束，能快快长大。制作尺寸的规矩是要忌讳"足尺"，即无论是上衣或下裤，其长度不能正正好做成一

尺（即足尺），必须长于一尺或短于一尺。民
间认为正好一尺的衣裤会框住孕妇肚子里的
孩子的成长，参差不"足尺"，才是最容易自
然生长的状态。有的地方的催生衣是想沾年
长寿高老人的光，专意"喜旧厌新"用年长
的老人腰间的束带（见图3-2）给婴儿做"各
拉"（即围在脖子上的围嘴）。

图 3-2

旧时实施"胎教"的手法也是用"催生
礼"的儿童服饰来完成。比如娘家人送来的
催生衣物及饰物都必须是外婆亲手缝制的黄
色衣物。如黄和尚衫、黄夹袄（见图3-3）、
黄棉袄、黄裤子，甚至黄围嘴、黄兜兜（见
图3-4）等。中国古代的《周书·牧誓》曾记
载："王，左杖黄钺。"说的是三千年前的周
武王左手拿着黄色大斧宣誓。后来黄色被看
作君权的象征，是皇家御用的高贵色彩。黄
色还象征着君权神授，神圣不可侵犯。外婆
家用催生的黄色衣物来"胎教"目的很明确。
通过母亲"望子成龙"的"遐想"，把胎儿培

图 3-3

图 3-4

育成"龙种""皇子"。至少可以"鲤鱼跳龙门"，从百姓家跃入"豪
门"，期望孩子一生下来就像大宋开国皇帝的赵匡胤一样"黄袍加身"。
按中国的阴阳学说，黄色在五行中为土，这种土是天地的"中土"，更
是农民的命根子。这与中国农耕经济的"敬土"意识有关。黄色催生
衣物含有中国农民最朴实的"土为尊"理念。通过黄色衣物，激发"思

念土地"情感，教育胎儿深爱"黄土地"，扎根"黄土地"。

在陕西这片古老的黄土地上，至今还保留着一种古朴的催生"胎教"习俗。女儿怀孕后的第九个月，娘家送的催生礼中必有一个"娃娃圈"（见图3-5）。"娃娃圈"是在一个有布娃娃的圈圈上挂着花花绿绿的饰物，有活泼可爱的动物，有美丽的花草、枝蔓等。但其中必定有一个小小的布老虎（见图3-6）。"娃娃圈"的功能是让准妈妈天天看着"娃娃圈"上面的小老虎和娃娃，祈盼影响和暗示胎中婴儿将来像老虎一样强悍无敌。

图 3-5 图 3-6

用虎进行胎教的远古民俗在古籍里曾经记载：西周时期的王后和后妃怀孕后，为了企盼生个健壮而勇敢的男孩，在孕妇的住室内挂"虎鼻"，用虎的形象来进行胎教。西汉辞赋家扬雄在《扬子·方言》说："鼻，始也。兽初生谓之鼻，人初生谓之首。"可见挂"虎鼻"就是挂虎犊子（幼虎）的画像。正如宋代的罗愿在《尔雅翼》中记载："古者胎教，欲见虎豹勇士之物。虎子才生三日，即有食牛之气。"挂在室内的勇猛而威武的老虎胎教形象，通过准妈妈的所见所想，教育未出世的胎儿，盼望他将来成为勇猛善战的武士。受中国文化的影响，日本也有用虎进行胎教的习俗，虽然日本不产虎，同样让孕妇看《虎跃图》

图 3-7

（见图 3-7），企盼生个如虎犊般健壮的男娃。这样的男孩取的名字还带个"虎"字，如"虎之助"、"虎太郎"之类。

用虎进行胎教的习俗，自三千年前的西周一直流传到今天。如陕西华县妇女怀孕后，娘家人在端午节到集市上买"全活人"做的"娃娃圈"。在给女儿送催生礼时，把带着小老虎"娃娃圈"挂在孕妇的屋里进行胎教，同样是企盼生个小老虎似的健壮娃娃。

第二节　诞生礼仪服饰

距今两千五百多年的《诗经·小雅·斯干》指出："乃生男子，载寝之床。载衣之裳，载弄之璋。乃生女子，载寝之地。载衣之裼，载弄之瓦。"意思是说，如果生了男孩，就让他在床上穿上华美的衣服，陪伴他的是玉器；如果生的是女孩，就让她包在简单的褓褓里，陪她的是陶器。虽然这里男尊女卑的意识非常明显，但有一共同点就是从胎儿离开与生俱来的"胎衣"的第一时刻起，就被家人包裹进不同的"衣装"里。这第一件代替胎衣的衣装，除了男女有别外，还蕴含着更多的民俗文化和民族文化。

诞生礼仪的目的就是为了保住孩子的性命，将其长留阳界。所以从孩子呱呱坠地起，即采取一系列颇具符号与象征意味的穿戴仪式，期望能定魂、瞒神、骗鬼，防止孩子被重新拉回阴间，并确立孩子的"社会存在"以及今后的命运。

从"胎衣"到"穿衣"，这是人、鬼划界的第一关，必须通过"生命与人生"的仪式：第一步是弃其"鬼界"的胎衣，毁埋胎衣象征着"退装"，同时告诫阴界，婴孩脱胎进入人世，已把胎衣退还鬼界，阴阳两清，请勿打扰。如有的地区小孩一生下来，马上剪下一小节脐带，用一块小白布严裹起来，彻底断掉婴儿灵魂的回头路。第二步是让婴孩立即融入"阳界"的衣饰系列中，被人间接纳，在家族传承的序列中占住一席。所以婴儿脱掉彼界胎衣纳入人间衣被，披挂的第一件服饰既是婴儿的护体之物，更是婴儿抵御"鬼界"骚扰的守魂之盾。

民间普遍认为婴孩即使"脱胎换衣"，但是在冥冥之中还有一种神秘的力量在起作用，就是所谓的"阴阳与五行"。五行须合阴阳，阴阳必兼五行。它显示着某种神秘的超自然的威力，一旦孩子的出生与这种秩序相悖，就会出现阴阳交错、人鬼交替的异常局面。旧时人们认为刚刚脱去胎衣的婴儿，其灵魂正游荡于阴阳两界，躯体也处在人鬼之间，特别容易被拉回"彼岸"，其直接结果便是婴儿多灾多病乃至早夭。为防止出现这种"逆转"，民间信仰中的对策便是"装扮从零岁开始"，借助穿着中的服与饰，给予婴孩一种神灵或巫术的力量去护卫命运。比如某婴孩五行不全，需用衣饰或佩戴其他饰物来补够五行，这样无论走在那个方位都不会中邪。

断脐之后，在处理"异界"胎衣的同时，家人迅速洗净婴儿，一般惯用长辈用过的旧衣旧布把婴儿包裹起来，民间称为"裹儿"。意在把这些旧衣服上的"种种神秘气息"通过肌肤感应到婴儿身上，使婴儿在生理、心灵上觉得安全、温

图 3-8

暖。我们常见的场面是随着婴儿的第一声啼哭，早已等候在旁的奶奶或姥姥马上用自己的大襟布衫（见图 3-8）一下子将婴孩包了个严严实实，成为初生婴儿的第一件衣服。据说，大襟布衫襟大片阔，孩子的灵魂和躯体被包得密不透风，无法逃脱。用家族老人的大布衫"裹儿"，让孩子一生下来便闻到亲人的气味，感受到自己"家"的气息，另外也是对孩子的一种祝福，祝福婴孩像长辈一样长寿。上海崇明一带，男孩则要用父亲的旧土布裤子包裹，裤与"苦"同音，意思是让小孩小时受苦，养成艰苦朴素的习惯，懂得生活的艰辛，然后苦尽甘来。民间叫作"小来着线，大了着绢"。

山东菏泽一带，婴儿降生必须由其外祖母或姨为他做一双鞋，鞋底不全纳，只纳一段，留一截麻绳，俗称"根"。这样的鞋子，就叫"扎根鞋"（见图3-9）。

图3-9

在贵州，台江县清水江中游的施洞一带居住的苗族，婴儿出生后，为了维系家族的亲情，特意用大人的旧衣服缝制婴儿服，作为婴儿出世时穿的第一身衣服。当孩子呱呱坠地时，要先用父母的旧衣裹住：女儿用妈妈的旧裙子（见图3-10），儿子用父亲的旧裤子（见图3-11）。儿子的胎衣处理是在自家堂屋的中柱脚下挖一土坑，用其父亲的一只旧鞋装好埋掉，以便让祖先晓得，家里添男丁了。而女儿的胎衣则不能置于堂屋，必须在厨房墙角挖一土坑用母亲的衣物包好埋掉。有的苗族地区，每当婴儿出世时，须用一张绣绘有传说中的始祖"蝴蝶妈妈"图案的花布做襁褓（见图3-12），把婴儿包扎起来；至两岁前，其所穿的衣服亦用这种图案的布制成。有的还加绣枫叶纹，让传说中的枫树公公和蝴蝶妈妈晓得，苗家又添儿孙了，请始祖予以保佑，期望孩子长大能够成家立业。在黄平、施秉等苗族地区，当婴孩呱呱坠地时，接生婆马上找来一根红线来给其穿耳，旨在把他（她）的魂魄拴住，以保全其性命，使之健康成才。毛南族用来包裹初生婴儿的"裹衣"充满了象征意味：生的如是男孩，要用父亲的衣服包，是女孩则用母亲的衣服包。据说这样做，将来孩子能健康成长。三江侗族婴儿尚

图3-10

图3-11

图3-12

未出世时不先备制衣服，出生时用长辈的旧衣来包身。佤族用外婆的裙子包婴儿的习俗也是具有两代人衣裙相连和借长辈福气庇护后辈。

除了长辈的衣服外，凡是有灵性的、具有超自然神力的裹衣，都能为人气欠缺、阴盛阳虚的新生儿提供阳间的保护，防止灵魂返回阴间（夭折）。在陕西秦岭大山里的人家，都要准备一件大红衫子给刚刚出生的婴孩"裹儿"。传说这是唐太宗李世民恩赐的

图 3-13

大红衫（见图 3-13）。民间神医孙思邈为唐太宗夫人治好了病，李世民大喜，钦封他为"药王"，并御赐大红袍衫。百姓们用大红衫"裹儿"，既能沾上帝王之气驱邪避魔，还能借助名医孙思邈的神力保佑孩子无病无灾。还有些地区新生儿服饰是由家族里辈分最大的老人，用大红布给新生儿做衣裳。当地新生儿谓之"毛孩"，故衣裳的底边不辑线全呈毛边，俗间亦称"红毛衫"。而给孙子或重孙子做"红毛衫"的长辈，还要把做红毛衫时在领口上剪下的那块圆形红布留下来。当老人去世时家人把这块领口布挂老者脖子上，以示老人家是有孙子或重孙子的，他的丧事亦被称为"白喜事"。

普米族对羊很尊重，认为逝者的灵魂会附在羊的身上，所以在孩子未出世之前须备好一张羊羔皮，以便婴儿出生后立即用之包裹婴儿，意在得到羊神的护佑。滇西北鹤庆县彝族认为狗是他们的救星；以神看待。小孩出生后穿的第一件衣服要先让狗穿一会儿，再脱下给孩子穿。怒江的傈僳族认为狗是给人们带来粮食种子的恩人，所以将婴儿戴的第一顶帽子先给狗戴，才能再给婴孩戴。

第三节　三朝礼仪服饰

　　婴儿出生三天后，古人要给孩子举行贺"三朝"礼俗。此时，新生儿的舅家要为外甥准备众多物品，诸如新生儿的衣服，里里外外，从头到脚要有五到七身。贺"三朝"礼俗的人生含义是：外婆为他穿上舅家带来的新衣服，表示新生儿完全脱离了胎儿期，从此正式踏上了人生的旅途。在婴儿出生三天后，还有个"洗三"的习俗。此俗不仅在民间广为流传，在宫廷里也很盛行。之所以在出生三天时举行，因为在民间孩子出生三天后，家人才可去抱起来活动。"三"还是一个吉祥的数字，如三星高照、三元及第、连升三级等。同时"三"也是一个虚数，可以意味着很多，如一生二，二生三，三生万物。

　　"洗三"与日常洗澡不同，它用的水十分讲究，里面添加了各种药物。名医孙思邈称"儿生三日，宜用桃根汤浴"。桃根汤是用桃根、李根、梅根各二两，以水煮二十沸，用以洗浴，能够"去不祥，令儿终身无疮疥"。"洗三"目的有三：一是洗涤娘胎里带出来的污秽；二是洗三后可以穿第一件真正的童衣了；三是洗灾消难，祈祷吉利，包含着人们对这个新生命的祝福。

　　"洗三"礼俗的起源很早，据说，唐玄宗开元十四年（726），皇太子李亨（即唐肃宗）的妻子郭氏生子李豫，三日洗儿时，玄宗亲自前来，赐金盆洗浴。唐代"洗三"用的是虎骨汤，以为虎骨壮阳，能躲避各种疾病。"洗三"礼仪在宋代已很流行。苏轼有诗云："况闻万里孙，已报三日浴。"宋代还流行"洗三"时为婴儿举行"落脐灸囟"的仪式，就是去掉新生儿的脐带残余，并敷以明矾；熏炙婴儿的囟顶，表示新生儿就此脱离了胎期，正式进入婴儿阶段。在北京雍和宫法轮殿后面有一个清代的"洗三盆"（见图3-14），是清朝皇太子"洗三"时使用的。乾隆皇帝在出生第三天"三朝"洗浴时就用过这个盆。清代崇彝《道咸以来朝野杂记》解释道:"三日洗儿,谓之洗三。"这样可以洗去婴儿从"前世"带来的污垢,使之今生平安吉利。乾隆的洗三盆盆边的图案为鱼身、鱼尾、龙头。因为中国民间流行鱼龙变化的图案,蕴含着望子成龙的期盼,故该"洗三盆"又称"鱼龙变化盆"。当乾隆称帝后,将自己做皇子时用过的鱼龙变化盆,保存在自己的家庙里了。

我国各地都有贺三朝的习俗,如山东青岛地区叫"过三日",安徽徽州、江苏无锡等地叫"做三朝",湖南长沙则称"拜三朝"。"三朝"之日,通常多为近亲来贺,必送些小孩所用的衣服、鞋、袜等作为礼品。

当"洗三"后用鸡蛋滚擦婴儿全身后,再给婴儿换上新衣服。如生的是小女孩,还要事先把穿了红丝线的绣花针放在酒盅里用香油泡三天,以便"三朝"时给女婴扎耳朵眼儿。如生的是男孩,"洗三"结束后,取婴儿父亲的鞋一只,碎缸片一块,肉骨一根(见图3-15),与婴儿一起称,俗称"上秤",取意为婴儿长大后,意志刚强(缸片),身体硬朗(肉骨),继承父志(父鞋)。

图 3-14

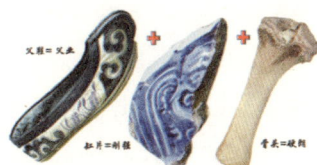

图 3-15

"洗三"后给孩子戴的第一顶帽子称"月里帽"（见图 3-16）。帽顶留个小孔没有封住，孔边用线抽住。可以根据气温，随时调节帽顶开口，又透气又保暖。"洗三"后的第一件衣服叫"迷魂衫"。民间以为，所有孩子都是由天上的送子奶奶送到人间的。俗间传说共有三个送子奶奶：大奶奶专门送男孩，二奶奶专送女孩，她们送到人间的孩子不回收，留在阳间长大成人。三奶奶送的孩子有男有女，个个聪明漂亮，身上却都留有暗记，以便随时收回阴间。人们不知道自己孩子是哪位奶奶送的，只好做一件"迷魂衫"，目的是遮住婴儿身上的记号，让老眼昏花的三奶奶认不出来。"迷魂衫"要用一整块红布做成，红色可以辟邪，保护孩子的平安。做"迷魂衫"时要用手撕，而不能动剪刀，以防对产妇和婴

图 3-16

图 3-17

儿不利。用这种特殊的撕裁方法使做成的"迷魂衫"，可以让魂找不到出路，不易跑出去。在迷魂衫的后领一定要剪一撮三个不同颜色的布葫芦（见图 3-17），叫"带着宝葫芦吓不跑（魂）"。迷魂衫不能先做好让"衣裳等人"，而是讲究"人等衣裳"。即必须等小儿生下来的一刻才能开始制作，等三天做好后穿。民间认为，人死回到阴间变成鬼是衣裳等人，而婴孩由阴间来到人间下生是鬼变成人就要人等衣裳。这件迷魂衫要一直穿到百日，然后要用一件蓝布迷魂衫代替。蓝，谐音"拦"，意寓将孩子拦下来。当三奶奶被"迷魂衫"迷的找不到她放到阳间的孩子时，就会空手返回上天，孩子就留住了，从此可以不穿迷魂衫了。

陕西华县的婴儿出生三天时，舅舅家要送"褪毛衫"穿在婴儿身上，否则身上的汗毛永远不会退。据说若这天舅舅不送褪毛衫，那么小孩将来会全身是毛。有些地区流行在"洗三"后给婴儿穿上封了袖

口的衣衫叫"月头封手"，期望长大后规规矩矩做人。后来改"捆手"，
不松不紧地捆住婴儿的手腕，使其不能乱抓以免自伤。

　　山东一些地区的民俗是"洗三"后穿的婴儿衣
服一般是红色的和尚服（见图3-18），和尚服穿起来
宽松，红色表示吉庆还能避邪。泰安东部地区，红
色和尚服的大领是白色的，这条白布必须是从姓"刘"
或者姓"万"的人家讨来的，"刘"谐音"留"，希
望孩子能留住，不会夭折。"万"是个大数，一是希
望孩子有更多的人护佑，二是孩子的身后弟妹众多。

图3-18

　　其他的民族地区也很重视三朝。毛南族新生婴儿出世三天后，要穿
"三朝衣"。该衣的特点是：一、袖子短，期望孩子以后不多手多脚，不
偷不盗；二、选择旧布缝制，表示将来不会大手大脚，铺张浪费；三、
用白布做衣蓝线做盘扣，希望孩子肚里明白，脑子聪明记性好。侗族贺
三朝，各亲戚除送衣装帽袜外，必送三五尺黄布给孩子制新衣。三江侗
族婴儿到三朝这天才穿童衣，届时举行庄重的穿衣仪式，外婆家亲戚送
来为婴儿缝制的衣服、背带。龙胜侗族赴三朝宴，女眷长辈们送的礼物
多是服饰品，寄托着浓浓的亲情和对一个新生命的美好祝愿。蒙山壮族
赴三朝酒的客人所携礼物一般是婴儿被子或三尺布。东兰等地壮族外婆
家贺三朝的礼品必有小孩衣服、抱巾、抱被，还有项圈、银锁、手镯等
银饰品。云南永胜县东山乡彝族它谷人的山民，在孩子出生三天后要尽
快给婴儿一顶帽子，一件小衣，要抢在"鬼"之前将孩子纳入人界的衣
带约束之中。据说，孩子生下来之后，彼界的胎衣包脱了，人界的衣裳
要是第三天接不上，孩子的灵魂就会留恋原来的胎衣包再回到彼界。

第四节 十二礼仪服饰

给刚出生的小孩儿过"十二"礼仪，是我国民间非常普遍的习俗之一。小孩出生的第十二天，北方一般叫做过"十二晌"，也有叫"小满月"的。晌，是中午的意思，也就是过了十二个中午，满十二天了。为什么民间要在小孩出生后的第十二天做个仪式呢？据说是旧时医疗卫生条件极差，新生儿死亡率很高。当时婴儿早殇大多是抽"七天风"死的。因为过去接生剪脐带用的剪刀无法消毒，新生儿得破伤风夭折很普遍，而十天左右如果没事就躲过了这一劫。一般熬到十二天，就算过了高危期，保住了小性命，越往后就越好活了。换句话说在医学不发达的古代，婴孩过了十二天，成活的概率相对高了，所以值得庆贺。而在淮北利辛一带，婴儿出生第十二天，外婆、婶子、姨娘等人要为婴儿送"钟美"（诞辰礼），他们同样择定在第十二天，因为"十二"谐音即是"拾儿"之意，意味拾来的孩子容易长大。关于十二天的仪式，民间也有其他说法：旧时科学不发达，人们害怕鬼神作祟给孩子带来灾祸，在孩子刚出生时不允许外人看望，只有过了十二天，外人才允许接触孩子，这一天村里的邻居们就会不约而同地来探望刚出生不久的新生命。如果第十二天恰恰遇到当地忌讳的日子也会避开。比如河北隆尧地区民间认定每月的初五、十四、二十三为忌讳日，新生命的十二晌仪式遇到忌讳日就得顺延一天。

在尧舜的故地山西洪洞地区，人们认为十二晌礼仪起源于尧王在唐尧故园的一个神话故事：在四千多年前的一个春天，日暖花开。中国上古时期方国联盟首领"五帝"之一的"尧王"，派人备了马车，和鹿仙女一同坐车来到一个叫羊獬村的风水宝地。此地也是尧王的第二故乡，位于今日山西洪洞县的唐尧故园处（见图 3-19）。鹿仙女就在第二年的九月九日晨晓十月怀胎一朝分娩，鹿仙女在草铺上生下了尧王的孩子。尧王盯住婴儿一看，身长二尺有余，其貌犹如仙女一般，柔眉目秀，樱口腮红，两盅酒窝，娇姿艳色。她啼哭之时，声清音脆，悦耳动听，真是一副英杰之相！尧王便给女儿取名"英女"。鹿仙女生出英女时还没奶水，便去挤当地神羊的奶喂英

图 3-19

女喝。不料奇迹发生了，第三天婴孩就能席地而坐，见人开口笑，逢人会说话。第五日，婴孩便站立行走，待人有礼。第十天抱英女出门外，眨眼间如同大人一般高大，真是地灵人奇，天神有眼！尧王见英女如此神奇，决定当即通告各族酋长及亲朋好友左右邻居。因为英女是在草铺上降生的，所以尧王便抽了一根草捻儿挂在大门右边，告知各家添人加口了。两天后（即第十二天），得知消息的各族酋长及大臣们都拿着礼物前来祝贺，尧王设宴盛情款待。这便形成了如今生孩子过十二天的礼仪活动，同时生孩子后，在大门上男左女右挂草捻儿的习俗也传了下来。

也许尧王文化是华夏文明的源头，人们"盛世毋忘祖，人和念尧王"，所以山西民间过十二晌礼仪的习俗，也遵循了"黄帝尧舜垂衣裳而天下治"的古训，传到今天，十二晌成为当地孩子一生中第一天穿衣服的礼节。十二晌儿这一天，民间俗语称："姑的裤子，姨的袄，妗子（舅妈）的格拉（围嘴）跑不了。"意思是说孩子第一次穿衣服一定要穿姑姑做的裤子，大姨做的棉袄，还要带上舅妈缝制的小围嘴。十二晌礼仪的习俗也体现了孩子从头到脚的童衣文化。

头饰礼仪

十二晌头饰礼仪分剃头和戴帽两个部分。剃胎头的形式，是人们对孩子生存的庆贺，也包含了一种极其朴素的祈福心理。如河北衡水农村，当小孩生下足十二天的时候，往往要举家庆贺，名曰"过十二晌儿"，表示"家有后人""添丁之喜"。在这一天有"十二晌剃胎头"之说，所以当天十二晌的民间礼仪，也大都从剃头剪发开始。大家举行一个剪发祝福仪式。这个祝福仪式，需要有三个"全活人"参加。

图 3-20

图 3-21

这三个人要求是不同的三个姓氏，而且他们的家庭成员要全，没有缺失的，俗称"全活人"。清晨一大早，准备好了剪刀、水瓢后，开始给小宝宝剪头发。仪式的重点是口中所念的"祈福"口诀："一剪金，二剪银，三剪一个聚宝盆。剪剪眼，看得远；剪剪耳朵，听得清；剪剪嘴，吃得好；剪剪手，心灵手巧；剪剪脚，走顺道；剪剪小鸡鸡，娶个好媳妇！"口中一边念，一边在念叨的位置上虚晃着剪两刀。在天津地区，十二晌剃头时，剃下的胎发是不能落地的，须用藤子托盘接住，最后将胎发用红布或红纸包好，缝进婴儿枕头里，以祝孩子长命。

剪头仪式结束后，就要给孩子戴一顶和宫廷"官帽"（见图 3-20）相似的官礼帽。这是一顶由小毛巾扎制成的小官员"礼帽"，两边带耳，犹如官帽两边的帽翅（见图 3-21），寓意孩子长大后做大官，知书达理，精通"四书""五经"，发大财。

穿衣礼仪

十二晌这一天也是很多地方的婴孩一生中第一次穿童衣的日子。穿谁做的衣服也有个讲究：一定要穿外婆家姨娘做的小袄（见图3-22）和舅妈做的围在脖子上接口水的围嘴（见图3-23）。这两件娘家人做的小袄和围嘴都能套住孩子跑不了，意味着娘家衣服才利于把孩子留在人间，好让孩子顺利长大。

图 3-22

图 3-23

奶奶家要在这天给孩子做个夹坎肩穿上。因这种坎肩像围粮食囤子（见图3-24），也有直呼"坎肩"为"囤子"的。让孩子穿的夹坎肩，两个肩部各有一扣儿（见图3-25）。穿时要解开扣子，从孩子头上套下去。寓意套住孩子了，像粮食囤子一样把孩子囤住了，跑不了。另外奶奶和外婆为十二晌做的儿童夹衣，一定是蓝色的面儿，白色的里儿（见图3-26），寓示着孩子长大后能清清白白做人。

图 3-24

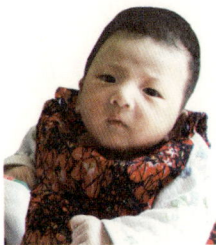

图 3-25

图 3-26

穿裤礼仪

这一天母亲要给婴儿第一次穿上裤子，俗有"十二晌穿长裤"之说。在这天如果要穿奶奶家姑姑做的"红"色花袄，下身一定要穿外婆家姨姨做得"青"色长裤。寓其意是"红红火火过日子，清清楚楚长成人"。在天津为婴儿做"十二晌"的习俗称为"圆耳朵"。讲究在这一天，婴儿第一次裤子上身，有利于孩子活动胯骨部位，所以天津乡俗有"十二晌穿长裤，长胯骨轴"之说。

穿鞋礼仪

"十二晌"礼仪中穿鞋有个规矩：在各种鞋中，孩子首先要穿迷糊鞋，扎下根儿后，才能穿其他鞋。"迷糊鞋"和普通鞋的做法不同，不是常见的鞋底、鞋帮分开做，然后缝缛在一起的工艺（见图 3-27），而是连帮儿带底儿一个囫囵个儿的童鞋（见图 3-28）。有的在迷糊鞋的鞋底还要缀一缕彩色缨子，意思是：孩子刚刚从阴间来到人世，穿上带一缕彩缨（见图 3-29）的迷糊鞋，就会在阳间迷路，彻底忘掉回阴间的路，便能在该家扎下根儿。

穿过"迷糊鞋"后，就要给孩子穿"虎头鞋"了。在十二晌当天，一般要送六双不同颜色、不同款式的虎头鞋。虎为百兽之王，穿虎头鞋，据说可去病避邪，保佑孩子长命百岁。鞋上的虎头上要有鼻子有眼（见图 3-30），寓示孩子穿上这样的虎头鞋会认自家门，不会迷失方向，也不会踩到不该踩的东西。另外在过十二晌亲人赠送的童鞋中，还有莲花头鞋（见图 3-31）、牡丹头鞋和石榴头鞋（见图 3-32），等等，其中含义犹如民间的歌谣所述："一对牡丹一对莲，养的孩子中状元；一对石榴一对瓜，孩子活到八十八。"

在皖中、皖西一带地方，男婴儿出生十二天过十二晌，而女婴儿却要过第九天，即做"九朝"。这里面有几个说头：一是"九"谐音"久"，寓有"长久"之意，这意味着婴儿过了九朝，便会天长地久地安全成长；二是旧时社会普遍有重男轻女的习俗，当媳妇生了女孩，婆家对媳妇的待遇会打折扣，娘家怕女儿在婆家受气，便着急忙慌地在第九天就过十二晌，让女儿早一点收礼盒补身体；三是有的地方办的庆贺孩子出生的礼仪叫"过酒盅"，谐音为"过九中"，便在第九天过，也称过"九中"。

图 3-27

图 3-28

图 3-29

图 3-30

图 3-31

图 3-32

第五节 满月礼仪服饰

满月礼俗是一个隆重的礼仪，也是我国传统礼仪中很重要的一部分。古人认为婴儿能活到足月便是跨过了人生的一个关卡。为祝贺小生命顺利过关，人们举行满月礼俗以贺"足月之喜""添丁之喜"（男孩）、"添口之喜"（女孩）。

各个朝代对满月礼都非常重视。它对婴儿和产妇来说都有特殊意义。满月礼，又叫"弥月礼"，是在婴儿出生整整一个月时举行。我国民间自唐代就有给新生儿做满月礼的传统习俗，这种传统习俗对后代的影响非常深远、广泛。在古代，满月的日子以农历为准，并且男女有别。女孩通常 28 天算作满月，而男孩却要 33 天才算作满月。为什么呢？据说与"穷养男孩富养女"的风俗有关。古时候人们认为，女孩要娇养、贵养，一定要在"二八"妙龄前将女孩抚养成人。古代的时候说女子"芳年二八"，是指十六岁。就是 $2 \times 8 = 16$，谓女子正当青春，须让她做到琴棋书画样样精通，德才兼备，因此很强调"二"和"八"，故选择在二十八天给女孩过满月。而男孩却要苦养、大养，为了让男孩从小具有吃苦耐劳、独立进取的精神，强调男孩子做人要"高"和"大"。在中国传统风俗中，数字"九"为最大，而 9 是由"三三得九"而来（$3 \times 3 = 9$）因此男孩满月选择在第 33 天。

在满月仪式的服饰礼俗中，赠送小儿的衣、裤、鞋、帽有个特别的习俗，即婆家和娘家的女性长辈们通力合作，联手唱主角。如旧时北京满月礼民谣："姨家的布，姑家的活儿。"山西满月礼民谣："姑姑家的帽子，姨姨家的鞋，老娘家的铺盖拿将来。"所以在婴儿满月的服饰礼仪中，姑家、姨家都会主动配合做孩子衣裳，体现了大家族携手共庆的场面。一般是姨家出钱买衣料，由姑家出工制作。民间习俗认

图 3-33　　　　图 3-34

为穿了这样的衣裤，小孩就能没灾没病地"好养活"了。山东郯城做满月时，姨家、姑家各出一块不同颜色的衣料，给孩子拼缝一件衣裤，将衣袖和裤腿故意做成两种颜色。说是穿了小孩就会平安健康。在老北京，满月礼仪中的孩子穿一件左红右绿或左红右蓝的小袄，以及一腿红，一腿绿的小开裆裤（见图 3-33）。河北、河南一带，孩子满月穿的裤子是一条裤腿蓝、一条裤腿紫（见图 3-34）。在晋南闻喜等地，过满月时场面颇为壮观。双方沾亲戚关系的人联手操办，给过满月的主家一起置办三百尺的布料，再把各家送的小孩上衣、裤子统统缝挂在布料上面，即日把这块三百尺布料连同上面的衣服，带到办满月的人家，高高挂在院子上方以示祝贺。当天送的儿童衣饰花样繁多，有小被褥、小衣衫、小裤裤、小鞋帽、小首饰、小锁儿，等等。

由于满月礼俗还表示婴孩满月后将褪去奶毛就容易长大的意思，所以送的小儿衣物，如小衣、小裤、小袄又称退毛衣、退毛裤、退毛袄等。在山东一带，孩子满月时，姥姥要送一身小花衣服给婴儿穿上，这身衣服叫"退毛衫"，表示孩子已经退去胎毛。退毛衫必须是

图 3-35

姨姨亲手缝制，叫"姑的布，姨的手，小孩活到九十九"。在中原地区，蛤蟆肚兜是婴孩满月礼仪中必备的衣物（见图 3-35），一般孩子在满月后开始穿戴肚兜，一直穿用到老。从实用性来说满月后的婴儿常常着衣而不再用布包裹，肚兜可以保护婴孩肚脐免受风寒。从民间

图 3-36

图 3-37

图 3-38

图 3-39

图 3-40

信仰来说肚兜犹如一只青蛙图腾，时刻贴俯护卫在婴孩身上。人类的始祖女娲的"娲"与"蛙"同音，传说中蛙也成为人类的始祖。让孩子穿戴"蛙"图腾的肚兜，借用祖先的光环保护婴孩，足以使他长大成人。

满月礼送的帽子也有讲究；男孩多为狮子帽（见图 3-36），取辟邪、消灾、安康之意。女孩多为石榴帽（见图 3-37），象征富贵、吉祥、繁荣。在这一天，姥姥、妈妈还要给孩子做一双老虎鞋，要赶在满月宴坐席动嘴以前送到，所以也叫"赶嘴鞋"。另外还有一层意思是虎为万兽之王，是食物链的顶端，绝不会缺吃的，"赶嘴鞋"（见图 3-38）也是祝愿孩子有"食禄"，始终嘴里不会缺食。

在孩子满月的仪式中的童鞋也常常是婆家、娘家联手做。世人常说："姨的布，姑的手。"就是指满月鞋。姨姨买布，姑姑做鞋。如果不是合作做鞋，小孩学步慢，走路也不顺当。送"满月鞋"的讲究是：若是头生是男孩要送虎头鞋（见图 3-39），要给头生女孩送去凤头鞋，无论是虎头鞋还是凤头鞋，必须在鞋底中间留一绺黑线绳。这叫"扎根鞋"（见图 3-40）。期盼孩子扎下根，不会"丢"了。

剃胎发仪式也是满月礼中的一个重要习俗，俗称剃"满月头"。寓意是愿孩子从头开始，一生圆满。所以在孩子洗头的水盆中，还要放入小石头、铜锁、铜钱、大葱等物品。石头是期盼孩子身体健康，壮如硬石；铜锁、铜钱期望吉祥如意，大富大贵；葱取其谐音"聪"，愿宝宝聪明过人，智慧不凡。

剃胎发也叫"铰头""落胎发"，是家人非常严肃地对待孩子一生中的第一次理发。在许多地区，满月剃头的礼仪必须要由婴孩的舅舅来参与或主持，假如舅舅无法来，还要在现场摆一个"蒜臼"（见图 3-41），谐音"算舅"，以表示舅舅在场。之所以会有这种礼俗，是母系社会中"老舅为大"的习俗遗存。

图 3-41

婴儿的头发是从娘胎里带来的，剃胎发一般要在额顶留一撮"聪明发"，脑后留一绺"撑根发"（见图 3-42），不能完全剃光。剃下来的胎发也要用红布包好，缝在小孩枕头上驱邪守魂。青海河湟一带则将胎发揉成圆团装入布囊，缝在小儿背心上，因为发是血，而血为精气之本，佩带在身，防止被践踏玷污。也有身体发肤受之父母不敢毁伤，为孝之意。在浙江嘉兴还要举行称为"头发圆"的仪式。把剃下的胎发与小狗、小猫身上的毛毛混杂在一起，然后用茶叶水搓成头发圈挂在床头，起到镇邪避灾

图 3-42

的作用。有些人家还用孩子的胎发做成毛笔，以留作纪念，这就是胎毛笔，也称为"状元笔"。我国在唐代就有了制作胎毛笔的历史，唐朝齐卫的《送胎发笔寄仁公诗》中有"内为胎发外秋毫，绿玉新裁管束牢"的诗句。

　　我国其他民族也很看重满月礼俗。在柯尔克孜族小孩的满月礼上，孩子届时要脱掉刚出生时穿的衣服，换上用四十块花布缀成的花衣。乌孜别克族的孩子要举行称为"金盆洗礼"的满月仪式，洗浴后穿上客人赠送的衣裳、鞋袜和风衣，寓意"朱袍锦带"，前途无量。在广西，柳城壮族在小孩满月那天早上，由族内一个少女穿上新衣裳，用新背带背着孩子去"逛街"，还要撑着老人送给的伞，以祝小孩长大有胆有识，风雨无阻地走南闯北；上林壮族贺满月，外婆家亲戚送衣服、鞋帽、背带，满月那天还要佩戴绣有"长生保命"字样的布制小挂袋；大新、田林一带壮族贺满月，外婆家除送抱被，衣裤、背带外，还有银手圈、脚圈、项圈，银麒麟链牌。仫佬族的长男和幺仔满月，外婆要送背带。侗族小孩满月，外婆家送银帽、银饰品，以示对外孙宠爱。云南大姚县三台乡一带的彝族满月为孩子戴青帽穿白衣，表示来得清清白白，日后心地善良；纳西族婴儿在满月时要穿子孙满堂的老人的旧衣改制的长衫，外婆则要送婴孩全套穿戴；邕宁摩梭人在孩子满月时也要为婴儿穿上由子女成群家庭的旧衣改成的长套衫，意在取其人丁兴旺的"人气"和"阳气"，期望小儿灵魂稳稳跨过阴阳交界，长住人间。这件意义重大的旧衫子，成为孩子在婴儿时代唯一的衣服。

第六节　百日礼仪服饰

　　"百日"礼俗，是介于满月礼与周岁礼之间的一个礼仪，是孩子出生整整一百天时举行的庆贺仪式。百日礼也叫"百晬""百禄"。给婴儿庆祝百岁的习俗至少在宋代便已趋流行。如宋人孟元老在《东京梦华录·育子》中记载："生子百日置会，谓之百晬。"可知，"百晬"指庆贺婴儿满百日的礼仪宴会。宋人吴自牧在《梦粱录》中也说："生子百日时，即一百日，亦开筵作庆。"明代沈榜的《宛署杂记》说："一百日，曰婴儿百岁。"直至今日，大多地区依然称"百日礼"为"百岁礼"，其原因是汉语词汇的"晬"，其音同"岁"，但"晬"的字形和词义都显得比较冷僻生涩，后来就被"岁"字替代了。而在婴孩百日庆典中，"祝福孩子身体康健、长命百岁"又是唯一主题，故"百日"就被民间俗称为"百岁"了。另外很多地方的丧葬习俗，在人死后第一百天做的祭奠活动叫作"百天"。百姓忌讳这个与死亡关联的不吉祥的"百天"，便多称为孩子过"百岁"。

　　"百日礼"的起因，是由于旧时医疗水平有限，婴儿出生后在一百天内死亡率非常高，一个孩子如能平安度过百日，就有了长大成人的希望。又因为"百"字在我国传统文化观念中是一个重要的数目，含有"百福""圆满"的象征意义。

　　因为是"百日"礼，又被民间戏称"百岁"，所以这一天的活动都是在"百"字上大做文章。是日，所有的亲朋好友都被请来参加宴会。来宾自然要携带衣物等礼物。特别是孩子姥姥家，除送衣物外，还要定做一百个寿桃，装在两个捧盒里派人挑到婆家。在百日礼仪上，婴儿衣物服饰中最有特色的是"百家衣"（见图 3-43）。所谓百家衣，就是从许多人家里讨来各种颜色的布头，拼接连缀成一件小孩的衣服。

图 3-43

图 3-44

图 3-45

图 3-46

衣服五颜六色，别具风采。这些布料不一定非得从百户人家讨得，只是要求所敛布头的人家越多越好，布的颜色越杂越佳。在各种颜色的布头中，紫色布头最贵重，也最难找到，因为"紫"与"子"谐音，人们一般不愿把"子"送给别人家，所以只有到行善积德的孤寡老人家才能讨来紫色布头。用百家衣的形式来表述托大家的福是一个创举，意在保佑孩子顺利长大，长命百岁。有些地方过百岁仪式的风俗很有情趣。如在山东地区过百日时，亲朋来贺时要举行穿衣服仪式。通常由孩子的姑姑和姨姨为其穿新衣的，这叫做"姑穿上，姨穿上，一活活到八十上"。最后再戴上缝有"长命百岁"牌牌的帽子（见图 3-44）。济南送百日礼的裤子讲究"红绿拼"，就是一条红裤腿一条绿裤腿。送给小孩的鞋帽也有规矩：男孩要送虎头帽（见图3-45），祝愿他虎头虎脑，茁壮成长；小女孩要送莲花帽（见图 3-46），祝愿她如莲花一般水灵。在胶州一带，过百岁这天的午前要在一棵柳树下举行婴儿穿新衣仪式。柳树旁放一个量粮食的斗，斗前放一个盛新衣的筛子，姑姑或姨姨给婴儿穿上新衣后，将婴儿抱到斗上摇几摇，"依着柳坐着斗，小孩活到九十九"，随后由姑或姨抱着绕全村走一圈。

青岛地区是在女婴儿降生第九十九天或男孩出生第一百零三天的时候过"百岁"。这天，其外祖父家及亲友要带衣裤、帽子、鞋袜及长命锁等前来祝贺。俗有"姑姑的裤子，姨妈的袄，舅母的花鞋满街跑；舅舅送把长命锁，姥爷的帽子戴到老"之说。平度、莱西也有"姑家的裤子姨家的袄，妗子家的花鞋穿到老"的地方习俗。除山东外，老北京还讲究在办百日时，姨家和姑家都要送衣服和鞋帽。经常是姑家和姨家一起做一套衣服，其中裤子还要故意做成不同颜色的两条裤腿，据说小孩穿两色的裤子好养活。唐山地区农村有过百岁给小孩穿五毒肚兜的习俗。所谓五毒肚兜，就是在婴儿贴身穿的小肚兜上用彩线绣上蝎子、蜈蚣、壁虎、长虫（蛇）、癫蛤蟆五种毒虫，在兜兜的左上角或右上角，还要绣上一个小葫芦（见图 3-47），葫芦嘴儿朝着五种毒虫。

图 3-47

图 3-48

百日礼仪上，孩子配饰中最具特色的是"百家锁"（见图 3-48）。百家锁，也叫长命锁（索）、百家索等，是挂在孩子脖子上的一种装饰物，上面刻着"长命百岁"字样和麒麟（见图 3-49）图案。挂百家锁的习俗来源于民间传统信仰：人们认为小孩是弱势群体，受到惊吓后会魂飞魄散，因此可能会丢失魂魄；用百家锁就能把孩子的魂魄锁住，辟灾去邪，达到用百家的福寿"锁"住生命的目的。"百家锁"顾名思义是由一百家的

图 3-49

图 3-50

钱财凑起来的锁。主家用红纸将白米、茶叶、枣、栗子等包成一百来个红包包，逐个分送到亲朋好友家。他们接受后，在红纸里放上若干铜钱返还。主家把各家凑起来的钱（最吉利的数目是一百）送到金银匠那里铸制"百家锁"。据说这样由百家攒来的锁最具有抗灾避邪的威力，相当于护身符，寄托了父母对子女的无限期望。在江南地区，流行孩子的外婆送百家长命锁（见图 3-50）。而在北方一些地方，流行孩子的干爹、干妈送百家长命锁。

百日礼中最典型的发型叫"百岁毛"，男孩过百岁时，父母请剃头师傅把孩子头发剃掉，只在后脑勺的下部留下一撮毛（见图 3-51），称为留百岁毛。旧时认为在脑后留一缕头发不剃掉的孩子易养。"百岁毛"也寓含着祝福长命百岁之意。

图 3-51

广西壮族自治区的百日礼各有千秋：田林壮族要摆"百朝酒"，外婆一定要送背带和抱裹布，其他女性亲戚送童衣、鞋帽，婴儿佩戴有"宝贵荣华"的项圈；德保壮族的姨娘们要送帽子、围兜（口水围）等礼物；那坡壮族要给孩子挂上外婆家送的"长生保命"银牌，谓之"锁命"；靖西壮族则是外婆、姨娘们送衣料、裹毯和绣花背带等，亲朋好友们送童帽、童鞋袜。

第七节　周岁礼仪服饰

　　百日礼过后，新生儿很快长到了一周岁，这时，家人又要为他举行周岁礼了。周岁礼中的服饰仪式也很有特色。如山西寿阳一带小孩周岁时，家庭中的每人都要送特定的衣物：姥娘（外婆）要送"黄腰黑肚"，即前心用黑色布、后背用黄色布做的坎肩（见图3-52）；妗子（舅妈）要送"红腰青裤"，即红裤腰的黑裤子（见图3-53）；姑姑要送鞋，姨姨要送袜，奶奶送的裤儿要百疙褶，即从百家讨来的布头做成的"百家裤"，意寓长命百岁。特别是姥娘做的"黄腰黑肚"坎肩的背上要用彩线绣上或者用彩笔画上"九石榴一佛手"（见图3-54）。俗话说"九个石榴一个佛，阎王小鬼也难捉"。因佛手是佛家表征，佛手之"佛"又谐音"福"。石榴多子、佛手多福。民间谚语为"九石榴、一佛手，守住亲娘永不走"，即孩子能平平安安、健健康康长大成人，以此在周岁礼仪中祝愿孩子福祐长随、富贵长寿。山西五台等地的生育民俗中，新生儿的整套衣饰必须在百日内备齐，待到孩子周岁礼时才送去，并且谁送什么很讲究，有俗规分工。五台民谚："奶奶的四片瓦（指上衣袄子），外婆的两圪叉（指下裳裤子），姑姑的花鞋（指虎头鞋），姨妈的袜（指棉袜），妗子（舅妈）的花及瓜（指头上戴的帽子）。"在河南新安、偃师地区，男孩子少的家庭，在周岁礼这天要男孩子"穿十二红"，就是给这个男孩用红衣、红裤、红鞋、红袜、

图 3-52

图 3-53

图 3-54

红帽和红项圈全副武装起来，避邪驱魔的红装要一直穿到十二岁。

我国南北朝时期就记载有周岁礼仪。北齐颜之推《颜氏家训·风操》中就明确记载："江南风俗，儿生一期，为制新衣，盥浴装饰，男则用弓、矢、纸、笔，女则用刀、尺、针、缕，并加饮食之物及珍宝服玩，置之儿前，观其发意所取，以验贪廉愚智，名之为拭儿。"可见，古代传下来的周岁礼的目的就是想测试一下该周岁的孩子以后是否有出息。周岁礼中有两个测试环节：一是"试鞋"，即测试孩子是否能穿鞋学步行走了，是否能迈出人生的第一步。二是"试周"，在孩子周岁时提前测试一下孩子的人生，将来有可能做什么行当。

试鞋仪式

一岁以内的小儿下不了地，基本上是躺在摇篮里或者大人怀抱。周岁以后，开始试穿童鞋蹒跚学步了。所以周岁的服饰礼仪中，最抢眼的就是亲戚朋友送来的各种各样的童鞋（见图3-55）。由于是过周岁仪式时送的鞋，俗称"周岁鞋"。这一天向新生儿赠的周岁鞋，款式、造型丰富多样。送给孩子的周岁鞋以"虎头鞋"为正宗，其他还有不同的兽头鞋、花果鞋、五毒鞋等。"周岁鞋"是对生命延续、吉祥和兴旺的祝愿，反映了父母对子女的舐犊之情，所以"试鞋"就成了"人生第一步"的尝试，成为全国各地周岁礼的一种特定礼俗。

图 3-55

山东菏泽一带给小孩周岁仪式中试鞋的风俗，是让小儿站在铺着红布的桌子上，试着穿亲戚送来的所有鞋子。送鞋、试鞋，意思是祝愿孩子顺利学会走路，快快成长。在浙江萧山一带，周岁这一天要先祭祀神灵和祖先，亲戚朋友的礼品也多是衣服鞋帽。当然，此时的衣物礼品等都较百日礼的时候隆重。还因为孩子已能学步行走，虎头鞋便成了不可少的礼物。试虎头鞋的习俗就是要让婴儿穿新鞋试走步，祝福其顺利成长。陕西韩城等地，小儿满周岁时，外婆赠送的"周岁鞋"，有虎头鞋、狮头鞋（见图3-56）、猪头鞋（见图3-57）等式样。小儿"试鞋"时，父母就给他试穿各种虎头鞋，用以辟邪壮胆，俗间说："穿上虎头鞋，力大踢死虎。"在冬天，由于儿童的袜子也是棉的，很臃肿，所以有时虎头鞋做得很宽松，近似一个长方形或者正方形（见图3-58），以便小儿容易自己穿和脱。

图 3-56

图 3-57

图 3-58

"试鞋"并非指试任何鞋，试穿的第一双鞋必是指"虎头鞋"（见图3-59），也只有"虎头鞋"才有资格作为人生的第一双鞋。民间普遍认为只有试穿"虎头鞋"才能安全迈出人生的第一步。为什么"虎头鞋"能保障孩子平安入世呢？下面的故事告诉你答案。

图 3-59

据说，很早以前有个姓杨的单身汉，靠一条破船摆渡过日子，人家都叫他杨大。杨大是个好心人，过河的人有钱就给，没钱他也不要。有一天，风雨交加，杨大忽然听见有人喊要过河，原来是个讨饭的老奶奶正在河对面淋着雨。杨大连忙冒雨撑船把老奶奶渡过了河。老奶奶上了岸，又说："哎呀，我的棉花丢在河那边了。"杨大忙说："没关系，您先躲雨，我去给您取。"杨大又冒着雨撑船取回了老奶奶的棉花。老奶奶为了感激杨大，就对他说："我没钱给你，只有这张画儿，请你收下吧。"杨大打开一看，画儿上画着一个姑娘正在绣小孩穿的虎头鞋。杨大谢过老奶奶，就把画儿贴在船舱里了。

哪知晚上收了船以后，船上那张画上面的姑娘竟自跑上岸来。杨大望着这美丽的姑娘，高兴极了，就同她拜天地做了夫妻。从此，姑娘每天夜里从画儿上下来，白天再回到画儿上去。

一年以后，画儿上的姑娘生了个胖小子，取名叫小宝。七年过去了，这件奇怪的事被知府知道了，知府来到河边抢走了那张画儿。杨大拉住知府不放，被差人毒打了一顿。杨大和儿子小宝抱头痛哭了一场。

当天晚上，知府把画儿贴在房间里，但是姑娘眼里滚着泪珠，就是不下来。这边小宝哭着找妈妈，杨大告诉他，只有找到那位老奶奶才能救出妈妈。小宝穿上妈妈做的虎头鞋去找老奶奶。小宝来到一处深山老林里，坐在湖边休息，忽然看见湖里有七个仙女洗完澡正慢慢地走上岸来。小宝一眼就看出走在最后面的一个就是他妈妈。他飞跑过去抱住妈妈就哭了。妈妈见了小宝告诉他，自从画儿被抢走，她就离开凡间，要想让妈妈回家，就要勇敢地去找知府评理。妈妈用湖水把小宝的虎头鞋抹了一下，一阵云雾遮住了小宝的眼睛，只听"嗖"的一声，他已经落在自家门口了。小宝直奔府衙，哭喊着要见知府。知府听说门外叫喊的小孩就是画儿中美人的儿子，就想通过小宝把画儿中的姑娘骗下来。小宝看到那张画儿，连忙去拉妈妈的手。那美人立刻从画儿中跑下来，跟着小宝往外走。知府急得扑向美人，小宝英勇地保护住妈妈。此时，小宝虎头鞋上的老虎跑下来，一口叼住知府就跑进深山。小宝一家人又生活在一起了。爸爸妈妈给小孩试的第一双鞋用虎头鞋，不但期望孩子将来胆大敢为，还祈盼天仙的保佑和老虎的护卫。取个壮胆、吉利、平安的意愿。

"虎头鞋"的形象均采用夸张手法：粗眉大眼、隆鼻阔口、双耳斜立、獠牙长须，在眉正中绣一个虎势十足的"王"字（见图3-60）。"虎头鞋"在我国已经有上千年的历史了。民间认为，老虎是威猛之兽，虎头鞋可以为孩童壮胆、避邪。老虎又是百兽之王，还能护佑孩子百岁长命。

图3-60

试周仪式

"试周"又叫"试儿""抓周""拈周"，是周岁礼中最为普遍的风俗。百姓多数称为"抓周"，成为占卜测试孩子未来前途的一种民俗活动。其规则是在周岁孩子周围摆放书画、砚笔、刀剪、算盘、秤尺等多种器具，任由周岁小孩抓取。家人根据小孩抓取之物，测试其喜爱，推测其日后发展方向。民间传说，小孩子看不到世事的纷扰与污浊，他们的眼眸是通神的灵性之窗，是人性通向神性的最后一瞥，因此抓周的测试效果十分灵验。

关于抓周，传说源起于三国时期吴主孙权。当年太子逝世，众皇子争权。孙权担心选错接班人，一世功业付诸东流，心中颇为苦恼。此时有个叫景养的人为他出了个"抓物识人"的主意，即在盘子里摆放吃的、玩的、用的等各种各样的物品，让小皇孙们自由选取，并以选取的物品来判断哪个能接班。其结果是孙权的第三子孙和的儿子孙皓一手抓授带，一手抓简册，孙和于是靠儿子当了皇帝。最终皇位如愿落到了当年抓授带与简册的孙皓身上。这种灵验的方法后流传到民间。到魏晋南北朝时期，"抓周"礼俗已经普遍流行于江南地区。到了宋朝时期更加盛行，南宋《东京梦华录·育子》载：周岁生日时，罗列盆盏于地，盛果木、饮食、官诰、笔砚、算盘、戥秤及经卷、针线应用之物，观其所先拈者，以为征兆，谓之"试晬"。清代著名小说《红楼梦》也描述了宝玉抓周："将那世上所有之物摆了无数，与他抓取。谁知他一概不取，伸手只把些脂粉、钗环抓走。政老爷便不喜欢，说将来不过是个酒色之徒，因此甚为不悦。"到了清末民初之际，"抓周"的内容更加丰富。如果是富足大户，让孩子坐在"抓周垫"（见图3-61）上进行，因为"抓周垫"上的纹样本身就在暗示和祝福孩子将来顺通利达，志在必得。"抓周垫"上的补花图案是预祝抓周成功的金玉良言：垫子中央是表达抓周的中心思想，即抓周结果"必定如意"（毛笔的"笔"谐音"必"，银锭的"锭"谐音"定"，

图 3-61

中间的如意头代表如意）；垫子下方表达抓周的孩子一生将"万事如意"（"卍"字符谐音"万"，下面的"柿"子谐音"事"，如意头代表如意）；孩子将来一定"多子多福长命百岁"（右边从下至上，石榴寓意多子，佛手寓意多福，仙桃寓意长命百岁）；孩子将来定会功

图 3-62

成名就"升官发财固本"（左边从下至上，芦笙谐音升即官运升腾，金蟾又称"三足金蟾"，寓意招财致富，柿蒂又称"柿盘"，寓意官势根固）；最终做一个德才兼备的"君子"（最上部的莲花，出淤泥而不染，濯清涟而不妖，寓为君子）。在我国传统的观念里，男儿尚武尚文，所以摆弓箭书笔；女孩擅长家务与女红，所以女孩"抓周"时要加厨房炊具（如锅铲、勺子），缝制工具（如剪刀、尺子），刺绣用具（如针线、绣绷子）等等。摆好后，把小孩抱来坐在"抓周垫"上（见图3-62），任其随意抓选。家人再根据孩子所抓取物品的种类与次序，来测试孩子的趣向并推测将来可能从事的营生。比如抓了印章，长大后官运亨通；抓了文具，长大后科举通顺；抓了算盘，将来会理财、发财等。

抓周其实是纪念人生第一个生日的方式，它与满月礼、百日礼等一样，是对生命延续、通顺及发达的祝福。还有人指出，抓周的信仰根源是"物与人"相触互感的巫术观念，其形式制造了一个神秘的选择——以儿时的随意测试来对未来做出判断。虽然缺乏理性思考，却是以育儿为追求的信仰风俗。颇具一种望子成龙、望女成凤的积极人

生观，以至现代社会"抓周"一俗依然存在。

在民族地区的周岁礼有各自的过法：台湾高山族在小儿周岁时，外婆家要给小孩送全套的服装和装饰品，这些礼物要送到祖先的牌前，让祖先首先享受，然后抱幼儿在祖先牌前抓周。

朝鲜族在婴儿周岁这天，母亲自己也要精心打扮，给孩子穿上一套精心制作的民族服装，男孩穿五色丝绸短衣，外加坎肩；女孩穿小巧玲珑的短袄和罗裙。即日在生日桌上面摆着有代表学业的文具，代表生意的银币，代表家计活的针线等任其抓取。按照蒙古族传统习俗，婴儿未满周岁前不剃胎发，待到满一岁时，设酒宴过生日那天才给孩子剃胎发。周岁礼时至亲好友们携带童装、各色布帛以及儿童玩具等礼品，同时还进行"抓周"仪式，抓周物品有弓矢、鼻烟壶、笔墨、剪刀、珠宝、玩具、奶制品、针线等物。哈尼族孩子过周岁关时，家长要为孩子戴上一顶特别的童帽，上面有象征神灵的红色羽毛和镶有象征富足的贝壳，还要在孩童的脚踝上（男左女右）用银镯或铜镯锁铐，使好动的魂魄再不会失落。而佤族周岁时兴拴线系魂，也是意为把孩子不安分的魂系住。

第八节　十二岁礼仪服饰

孩子到了十二岁，既是从童年到少年的节点，又是属相轮回的第一个本命年。在民间有为十二岁孩子隆重进行"做十二"的仪式。这种民间习俗长期在中国北方地区流传，特别是晋、冀、鲁、豫、陕等地普遍重视对十二岁孩子的特殊礼仪。

为什么要选定第"十二"个年头呢？阴阳学家说；古代中国于三千多年前的殷商时代就已采用了十干配十二支的记数系统。中国人的十二生肖也是溯源于十二地支。鉴于古代"天人合一"的哲学思想，天之大数为十二，人必合之。《左传·哀公七年》

图 3-63

中说："周之王也，制礼尚物，不过十二，以为天之大数也。"在《礼记·郊特牲》说到天子之郊祭："戴冕，十有二旒，则天数也。"也就是说天之数为十二，天子（皇帝）头上戴的冕冠，其前后只能各悬垂十二条玉串（见图 3-63）。古代一天划分为十二个时辰，根据十二生肖中的动物的出没时间来命名各个时辰。古人认为过满一天是十二个时辰，过满一年是十二个月。孩子过满十二个年头，也寓意童年时代圆满了。阴阳五行学还认为小孩子出生以后一直到未成年期间，孩子的魂魄一直在长。随着年纪的增长，每长大一岁魂魄就会增加一分，到十二岁的时候魂魄才长齐全。儿童心理学家解释道：当儿童进入十二岁时，心理上会有个窘迫的处境。要么表现为早熟，失去应有的童真，导致行为上的越轨。或是心性滞留不前，总害怕长大，恐惧进入"大人的社会"。

在这个承上启下的关键年龄段，民间采用儿童饰物中的"锁"来抚慰和解脱孩子的困惑。即用"解索""开锁"的变通仪式，给那些即将长大的孩子打开智慧的大门，让这个年龄段的孩子从幼年的蒙昧中解脱出来，顺利进入少年。以便孩子自觉脱离童年，开发聪明才智，树立自立、自信心理。

在"做十二"的仪式中，有着固定的繁琐程序，依赖儿童穿着的改变，达到"改头换面"的效果。孩子十二岁"解锁"当天，主人还会邀请一位与自家孩子同龄同性的陪伴儿，乡俗称主家孩子为"坐监"，陪同的孩子为"陪监"。"做十二"的第一个仪式，就是家长给两个孩子从头到尾换成一套崭新的服装。这意味着从今天起丢弃往年的旧"童"装，将"焕然衣新"地迎来少年时代的新面貌。在"解锁"或"圆锁"仪式中说的"锁"是儿童服饰中的饰物，也是做十二仪式中的主要道具。"锁"的形式极其简单，就是用一根红头绳拴着两枚铜钱（见图3-64），并不是儿童常戴的银或铜的"百家锁"（见图3-65）。"做十二"的锁实际上是一种象征性的"绳索"，本义是把孩子用绳子约束起来，犹如"束缚"后投入模拟"牢狱"中去。这也是称主家孩子"坐监"，陪同孩子为"陪监"的缘由。因为旧时缺医少药，卫生条件极差又无育儿科学，婴儿的死亡率很高。人们在万般无奈之下，归罪于新生儿命中的孽障。俗间认为让孩子坐"牢狱"就可以免去"原恶"，阎王爷就会原谅，不把孩子拖回阴间，孩子则

图 3-64

图 3-65

获得健康成长。从这个意义上讲，等于用"做十二"的红绳牢牢"锁"住和解放孩子。

人生第一次挂红绳锁的时间是孩子出生后遇到的第一个农历六月初一，当天孩子要先认灶王奶奶为干妈。孩子的奶奶或爷爷用红绳拴两枚铜钱，做好人生的第一个"锁"，摆放在灶王奶奶的供桌上。这种象征性的"锁"不一定挂在孩子身上，但一定要放在灶王奶奶能看得见的地方。以后每年的阴历六月初一，都要做一个红

图 3-66

绳"锁"，或摆放在灶王奶奶的供桌上或挂在灶王奶奶的画像下（见图3-66）。一直到孩子十二岁攒齐了十二个红绳锁，以备在"做十二"的仪式上使用。

同样在孩子十二岁当年的阴历六月初一那天，举办做十二仪式的"开锁"礼仪。当天孩子要把攒齐了十二个红绳锁戴上。另外再挑选十二个不同姓氏的成年人来参与"开锁"，这十二个人男女不限，但对姓氏却有讲究：一是不能重姓，二是不能有谐音靠近"死"或"亡"的姓，如忌讳请"王"（亡）或史（死）等姓。仪式前把主家孩子"坐监"和陪伴的"陪监"孩子，一起塞到象征"监狱"的供桌底下。然

图 3-67

后用一块大红布盖在供桌上，摆上香炉、十二块烧饼和一把能用钥匙打开的普通铜锁（见图3-67）。仪式开始后，十二个不同姓的人开始逐次打开摆在供桌上的同一把铜锁，每个人在开锁时都说同样的口诀："开监门，放监人，打发

监人出了门。"再从桌子上拿个烧饼递给桌下的"坐监"人和"陪监"人，他们各咬一口烧饼后递回桌上，表示年年丰衣足食。十二个人都重复开锁，最终开完十二次锁，就可以把孩子从"监狱"里放了出来。"坐监"的孩子头上顶着一块红布从桌子底下的"监狱"解放出来，"陪监"的孩子在后面追，跑到一棵柳树下（其谐音是"留下"），孩子的生命就可以常驻人间。仪式结束后，要把最重要的道具——十二根红绳锁就地烧掉，意寓孩子从此永远脱离苦海，可以健康长大了。此时来参加仪式的众人，便会争抢铜钱，据说用这样的铜钱再给自己的孩子做红绳锁，定会大吉大利。

图 3-68

图 3-69

　　给孩子"做十二"仪式在各地不尽相同。如有的地区当天把红头绳锁带在孩子的脖子上（见图 3-68），还要在脖子上带一条真铁链子，用铁锁将铁链的两端锁在一起，然后请三个不同姓的人为孩子开锁，口里念着口诀是："一开聪明伶俐，二开学业有成，三开满堂富贵。"有的地方为庆祝孩子十二岁灵魂已经长满，从无知迈向成熟，就必须要摘掉出生时佩戴的锁，才能标志孩子长大。所以此时要开的锁，是在出生时佩戴的锁，一年外加一层红布。打开摘掉的是围裹着十二层红布的锁。真正体验到打碎"愚昧枷锁"的精神启蒙仪式。在当今快节奏的社会中，这种"做十二"的解锁仪式已经大大简化。只是孩子十二岁生日当天，先给主家孩子的脖子上挂一只真锁（见图 3-69），然后由娘家的姥爷或舅舅象征性地打开刚刚挂在脖子上的锁。主要是让孩子体验到被解脱的喜悦。家长也获得了一种超脱，共同庆贺孩子即将上升到另一个精神境界，从而达到"做十二"仪式的目的。

第九节 成年礼仪服饰

成人礼是儿童长大成人时的礼俗，成人礼也称"成丁礼"，是为少男少女举行的象征迈向成人阶段的礼仪。也是青少年成长的过程中的重要仪式。为跨入成年的男女举行这一仪式，是要提示他们：从此将由家庭中毫无责任的"孺子"转变为正式跨入社会的成年人，要承担成人的责任、履践美好的德行，才能成为各种合格的社会角色。通过这种传统的仪式，可以正视自己肩上的责任。因为汉文化本身就是礼仪的文化，故汉族自古就十分重视成人礼仪。

我国先秦时期都是通过衣冠服饰的改变来实施成人礼的，可以说成年礼以服饰转化为其最大特征。而其中最特别的即是头上的冠、笄。因此男子成年礼称为"冠礼"，女子则称为"笄礼"。先秦举行成年礼的年龄是男子二十岁，女子十五岁。冠礼从氏族社会盛行的"成丁礼"演变而来，一直延续至明代。冠、笄之礼就是华夏礼仪的起点。没有执行冠礼，则一生难以"成人"。早在远古氏族社会，男女青年发育成熟之前，都要经过一定的着衣训练，以便参加成人礼。古代的未成年儿童是不戴冠的，冠就成了成年男子身份的象征，举行冠礼的意义就是告诉孩子要树立成年意识。一个孩子只有通过成人礼才能被氏族成员认可。男孩的"冠礼"仪式分三道程序，充分演绎了由儿童一步步走向成年的过程：冠者首先为一副儿童的打扮，冠礼开始后，把儿童发型弄散，代表童年结束了，随即梳理为成人的发型，表示初入成年。第一道"冠礼"仪式是给他戴上地位卑微的"缁布冠"（见图3-70），接着进行第二道加冠，戴的

图 3-70

图 3-71

图 3-72

是地位稍尊的鹿皮缝制的"皮弁"（见图 3-71），第三道加的是尊贵的"爵弁"（见图 3-72）。每次戴不同材料帽子都要配穿不同的成年人服装。古人在"冠礼"仪式中，每冠一次则愈尊一步的用意是期望冠者的德行能力与日俱增，肩上的担子越来越重，完成角色的转变，宣告长大成人。在明清时期，为了勉励子弟奋发向上，若干名门大族还将提前或延迟加冠作为一种奖励或惩罚措施。读书不长进的子弟会受到缓行冠礼之罚，而其成绩优秀的弟辈则会先行此礼，从而造成弟弟已穿戴成人冠服，而哥哥还是一身儿童装束的奇景。

与男子的"冠礼"相对，女子的成年礼叫"笄礼"，也叫"加笄"，在十五岁时举行。《说文解字》解释为"笄，簪也。"形似一根细长钎子（见图 3-73）。女孩在童年的时候并不用笄，所以笄就成了女子成年的象征。"笄礼"仪式与男孩"冠礼"相似。加笄的女子开始穿彩衣，其色泽纯丽，象征着女童的天真烂漫；第一次戴上发笄后，换上色浅而素雅的襦裙（见图 3-74），象征着豆蔻少女的纯真；第二次加笄，换上的衣服是曲裾深衣（见图 3-75），是最能体现汉民族女子之美的服饰，象征着花季少女的青

图 3-73

图 3-74　　　图 3-75　　　图 3-76

春美丽；第三次加的是钗冠，换上隆重的上衣下裳制的大袖长裙礼服（见图3-76），反映了汉族成年女子的雍容大气和典雅端庄。三次加笄的服饰，同样象征着女孩子从童年开始成长的过程。

　　两千年前儒家的"成人礼"，随着朝代的更迭被逐步削弱和退变，甚至在清代，成人礼被朝廷明令禁止。鉴于礼仪大国的文化底蕴，取而代之的是民间地方性的"成人礼"仪式。如在广东潮汕地区有一种特别的成人礼俗，俗称"出花园"，是潮汕人为孩子告别童年而举行的一种成人礼。当地不论少男或少女，到了十五岁（虚岁）这一年，孩子的父母和外公外婆就要筹办孩子"出花园"。出花园的日子一般定在阴历七月初七。"出花园"仪式顾名思义表示孩子已经长大可以走出自家花园了，而不再是整日在花园里玩耍的孩童了。"出花园"的换装仪式较简单，不是戴冠而是换鞋，即出花园的孩子那天一定要穿一双外婆送的红木屐（见图3-77），同时换新衣，围新肚兜。

图 3-77

　　山西平遥地区讲究十三岁儿童过成人礼仪，当地称为"完十三（岁）礼"。旧时平遥人在孩子十三岁生日时，视为人生成长的一个里程碑，即由儿童步入成人时代。特别是平遥自明代后期不再行"冠礼"

图 3-78

图 3-79

后，"完十三礼"更显得重要了（见图 3–78）。当地童谣道："周郎十三岁，带兵能打战；民子一十三，人生里程碑；高粱折六角，打嘉百年好；祝福天涯路，寿比九十九。"孩子在做了"完十三礼"后，社会就会把他（她）按成人来要求了。在"完十三礼"的仪式前，事先须用绸帛制作成鸡和花，还要准备几双娘娘鞋。当天，先以秫秸、彩花等做一顶"百嘉"六角帽（见图 3–79），套在孩子的头上。其祖母或母亲为了祝贺孩子长命百岁，则用彩纸包缠的高粱秆在"百嘉"六角帽的各角循环轻打，打一下则增一岁，一般都打九十九下。因平遥俗称人死后为"百年之后"，所以祝福孩子寿数敲打"百嘉"时，顶多打至九十九岁而止。仪式最后把"百嘉"同娘娘鞋，一并焚烧孝敬"送子娘娘"后仪程完毕。

在当代福建泉州民俗中，最重视的是十六岁成人礼，这也是泉州各种礼仪中独立存在的传统习俗，又称"做十六岁"。当地俗间认为十六岁是少年到成年的转折，是生理成熟的标志，更是心智成熟的突破和开始。民间传说，小孩在未满十六岁以前由仙鸟照顾长大，仙鸟由"七娘妈"（七星娘娘）所托付。因此，孩子在满十六岁这天，要祭拜"七娘妈"（七星娘娘），表示孩子在七娘妈的佑护下，已经长大成人。"七娘妈"是美丽、善良、慈爱、吉祥的化身，她不仅能给小孩子带来抚爱、温暖和幸福，而且能庇佑孩子健康成长。

按照这一习俗，孩子出生后的第一个"七夕"（阴历七月初七）要做"新契"，就是拜"七娘妈"为义母。闽南话称义母为"契母"（在南方两广一带对干娘的称呼），并解去在新生儿时系于手腕上的五色丝线搓成的"长命缕"。做了"新契"的孩子到了十六岁的那年要"洗契"，寓意是孩子在"七娘妈"的护佑下已经长大成人，可以不用"七娘妈"的保护了。一般在"七夕"那天举行"洗契"礼仪，解除在出生时的"托付"契约。意味着孩子经过十六岁的洗礼，从而进入成人阶段。"成人礼"像里程碑一样，引发孩子进入一个全新的生命阶段。此时外婆须送给布料、全套衣服、鞋、袜、帽等。这一民俗相沿成习直至今天。

随着闽南民系的不断拓迁，"七娘妈"信俗也越过海峡传至台湾，漂洋过海远播东南亚。据闽南籍台湾学者林再复的《闽南人》一书考证，闽南人过去越峡跨洋到异地谋生，多年都不能返乡。留守的妇女们只好把所有的希望都寄托在孩子身上，有了期盼才有单独一个人生活下去的勇气。所以七夕这一天，原本是对出远门的亲人相思传情的节日，逐步演变为对保护孩子的神的祈祷。台湾民俗认为，小孩在未满十六岁之前都是由七娘妈所托。婴儿出生满周岁后，虔诚的母亲或祖母就会抱着孩子去祭拜七娘妈，祈愿她保护孩子平安长大，当下用红绒线串上若干古钱系在颈上（见图3-80），

图3-80

孩子一直戴到十六岁。因此，七娘妈就成了未成年孩子的保护神。七夕也成为台湾民间给十六岁孩子做"成人礼"仪式的日子。孩子满十六岁的那年七月七日，父母领着他到七娘妈庙酬谢，答谢"七娘妈"保护孩子度过了幼年、童年和少年时代。当地"做十六岁"成年礼中，主要仪式是让十六岁的未成年子女匍匐钻过供桌三次，男孩起身后须往左绕三次，女孩则往右绕三次。谓之"供桌"，最后穿过供桌爬起来即表示成年，亦有出人头地之意。台南的开隆宫为台湾历史最悠久的七娘妈庙，以做十六岁习俗闻名。每年都会为满十六岁的人举办成人礼仪式，至今已有一百五十年的历史了。

在民族地区，成年礼也与汉族相同，都是实施"上装换装"的仪式。但是民族地区大多把成人礼看作是一次神灵允诺的"再生"仪式。这种"再生"，除了与性发育等生理因素有关以外，更主要的，还是文化的或宗教的因素在起作用，它们往往被赋予许多神话的色彩。成年礼的目的则将"孩子"从血亲家庭引渡给社会，并得到社会和神灵的承诺。摩梭人、纳西族、普米族、彝族等都是通过更换服饰象征成年，女的换裙，男的换裤，换过之后，方可谈情说爱。这些孩子成人礼一般是在 13~16 岁举行。纳西族一般在大年初一为家中满十三岁的男女孩子举行。成人礼开始前，少男少女的衣服分别挂在男女柱上，祭司则在一旁念经。由于纳西神话中人与狗换了寿命，人才可活百岁。所以孩子先给狗喂食以示谢恩。女孩穿百褶裙仪式由母亲来操作，男孩穿裤子仪式由舅父来完成。穿着完备后，亲友长辈向孩子送礼。纳西族成年礼，是今天还能保存下来的典型的具有民族传统的成人礼俗。

凉山彝族的成人礼中，有少女"换裙"的习俗。换裙仪式定在少女的月经初潮之后。具体日期由族中德高望重的老人选定。仪式中先把少女垂在脑后的单辫改梳为垂在胸前的双辫，戴上哈帕配上耳环，然后脱去镶有一粗一细两条黑条的浅色二接裙，换上由红、蓝、黑三色组成，色彩对比强烈的长筒百褶裙。仪式后，少女就是族内承认的成人了。诺苏人的少女一般穿裤，或穿一种叫"沙拉"的较简朴的裙，当女孩月经初潮来时，就要举行一次换裙的成人仪式，穿上叫"麻角"的色彩鲜艳的裙就算成年了。摩梭人认为孩子到十三岁，天神赐给的人寿过完，开始过狗寿的时候，就要做一个成人换装仪式，男孩子换裤子，女孩子换裙子。举行过穿裙子或穿裤子礼的人，就表示从此是成年人了。

普米人成年礼仪是男女少年在十三岁时，由父母或兄嫂为他举行"穿裤子礼"和"穿裙子礼"。男孩在火塘左前方的男柱旁，双脚踩在猪膘和粮食袋上，右手握着刀，左手拿着银饰品，由舅父把男孩的麻布长衫脱下，换上短衣，穿上长裤。女孩便在火塘右前方的女柱旁，双脚分别踩在猪膘和粮食袋上换上百褶裙。

哈尼族的成人礼俗是男少年十五岁时，摘掉少年戴的圆帽"吴厚"，改为布包头"吴普"，同时染红牙齿。少女则在腹部裙子外面围上有两片花纹的精美的宽腰带"纠章"，用紫梗染红牙齿并改戴高包头。

布朗族的男孩子到十五岁或十六岁时，要举行叫"节"的成年礼，母亲要给他准备一个袋子，一块毡子，一个装有槟榔、草烟等物的金属盒。女孩长到十二或十三岁，父母、姐姐便教她梳妆，开始耳挂银环、银塞，耳塞及各种饰物，并配以红、黄、蓝各色丝线。

傣族的成人习俗即入寺院当和尚。每当男孩子到了十一二岁，家人就要为他准备几条黄单，一顶和尚帽。当把一条几尺长的黄布往身上一披，就整个地笼罩在一片橙黄色的灵光之中。当地习俗是男孩不入寺院，便不算成熟，只能算"生人"或"野人"。

第十节　百家锁礼仪民俗

在前面我们谈到的孩子的各种人生礼俗中，虽然礼仪的仪式不同习俗不同，但其目的却是相同的，都是期盼孩子长命百岁。礼俗中最直白、最彰显"长命百岁"的道具——"长命锁"（见图3-81），几乎贯穿在所有的儿童人生礼俗中。在古代"长命锁"既是贺礼佳品

图 3-81

又是儿童服饰中不可或缺的饰品。按照俗间的说法，只要佩挂上"长命锁"这种饰物，就能辟灾去邪，"锁"住生命，长命百岁。所以儿童从出生起，就挂上了这种饰物，一直要挂到成年。此种习俗遍及全国各地区以及各个民族。

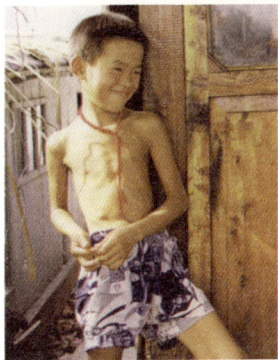

图 3-82a

图 3-82b

长命锁的前身是"长命缕""五色索"（见图 3-82a 和 3-82b）。早在春秋时期，我国民间就盛行"五行"说。在中国传统文化中，象征五方五行的五种颜色"青、红、白、黑、黄"被视为吉祥色。各种颜色都具有相应的象征意义。这五种颜色从阴阳五行学说上讲，分别代表木、金、火、水、土。象征东、西、南、北、中，其蕴含的五方神力，可以驱邪除魔，祛病强身，使人健康长寿。五个方位的五种代表色绞合成"五色锁命索"，可以锁住孩子生命，不让孩子再返回阴间。据南北朝时期的《荆楚岁时记》《风俗通》等书籍记载，在汉代时，每逢端午，家家户户都在门楣上悬挂五色丝绳，代表五行俱全以

避不祥。后来由"五色锁命索"逐步衍生成"五色长命索"。到了魏晋南北朝时期，战争频繁，且瘟疫、灾荒不断，人们就用这种五色丝绳编成绳索，缠绕在妇女和儿童手臂，祈求能为他们辟邪去灾、祛病延年。这种彩色丝绳，就被称之为"长命索""长命缕""五色缕"。到宋代，其形制除了丝绳、彩线外，还穿有珍珠等物。将这种五彩丝绳编结的吉祥物又称为"珠儿结""彩线结"，男女老少均可佩戴，每到端午节前，皇帝还亲自将常命缕赏赐给近臣百宫，以便他们在节日佩戴。在当时汴京等地的街市上还有不少店铺和市贩，专门以销售这种饰物为生。到了明代，风俗发生了变化，长命索仅为孩子的一种项饰。因长命索的主要功能是"锁"住生命，后来到了明清时期逐步演化为金属制作的"长命锁""百家锁"。民间的百家锁大都用白银制成，上面有文字或图案。文字多出现在正面，一般为"长命百岁""长命富贵"（见图3-83）等吉祥祝语。

图 3-83

图案多錾在反面：为吉祥物及万年青等福寿纹样（见图3-84）。民间最爱挂在孩子脖上的"长命锁""百家锁"之类的佩物，实际上已经美化为"护魂符"了。多病的孩子戴上百家锁，则游失的魂魄被"锁"在孩儿体内，不再丢魂或被野鬼劫持，为此长命无恙。

图 3-84

全国各地长命锁的形式也多种多样。如东北地区，有的地方是将猪脑壳中的一块骨头唤作"猪惊（精）骨"，拴上红绿线，系在小孩手腕上避邪。有的地方外婆要给小孩脖子上挂长命线。长命线为一束成

圈的白线，不能用其他颜色的线，白色象征着
白头到老。摘长命线不能从头往上摘，而要从
脖子到身子往下套，最后从脚下取出，否则，
便意味着解除了长命线的法力。山西一带则
以彩色的布料作为保护孩子长命百岁的神器，
当为孩子除灾免祸时，即把各种颜色的布剪
成铜钱大小的圆片，再依次穿成一串（见图
3-85）挂在身上。右边五片红色布串是三岁

图 3-85　　　　图 3-86

以上的孩子戴的，左边黄、蓝、橙、绿、红五色布串是三岁以下的孩
子戴。鄂西北地区在小儿出生后，在孩子的手脚上戴手镯、脚箍，还
附加花草游鱼等饰物。传说小孩易被偷生娘娘拖下水淹死，戴上了鱼
花饰物，孩子就会如鱼戏水。北京过去的长命锁称为"百家锁"，方法
和僧道化缘一样，到大街小巷人家及铺户去乞讨一文钱，然后凑起来
到金店打一个锁给孩子戴上，故称"百家锁"。长命锁也有用布来缝制
的。一般是先用红布做成链形锁或编结成锁形，每年过生日时，都要

加一层红布，表示层层加锁，一直戴到十二岁
以保孩子万无一失。还有的长命锁是用丝线与
铜钱制成的"铜钱锁"。在三尺长的丝辫中间挽
一结吊几枚铜钱（见图 3-86）。小孩戴锁之前，
到神像前燎烧一下铜钱锁，以借神力来保佑小
孩无病无灾。

图 3-87

除了长命锁形式以外，民间还有许多具有
护身符的作用的佩饰，如南方孩子喜欢多戴银
项圈（见图 3-87），俗称为"落地圈""项箍"，

意为圈住孩子，箍住孩子。还有的地方为子女做独耳环、独脚镯，"独"双关语既表明"独枝繁荣"，也盼望孩子"独占鳌头"。

其他民族地区的"长命锁"成为保障孩子长命百岁的"护身符"。把"长命锁"、银项圈、手镯、脚环给孩子佩戴，是为了封住人身上最脆弱的部分，以防止孩子的灵魂逃回彼世。于是，娇弱的婴儿，在他们柔嫩的手腕、脚踝和脖子上，往往不相称地被套满了各种饰物。这些饰物既是母亲打扮宝宝的装饰，又是人间的亲人套住孩子不安分魂魄的美丽的"枷锁"。基诺族每当孩子从"彼世"来到"此世"，各方面都尚不稳定的时候，就要把姜切成片，生男孩切九片，生女孩切七片，用白线穿起来挂在孩子的脖子上，像项链一样。可以驱邪。

苗族拴线是为"拴住命"。一般在为孩子剃胎毛之后，舅舅把带来的衣服为孩子穿上，再用七股彩色羊毛线搓成一股细绳，套在孩子的脖子上。舅舅一边为孩子系线打结（在胸前结两道），一边念："金线银线拴你命，拴住让你长命到白头"。而另一些地方的苗族，则用银项圈、手镯、脚环给婴儿佩戴。清水江流域苗族地区，姑娘从小就佩戴硕大的"长命锁"（见图3-88）又称"银压领"。银锁是

图3-88

苗族银装中的主要饰物，制作得十分精美，银匠在压制出的浮雕式纹样上錾出细部，纹样有龙、双狮、鱼、蝴蝶、绣球、花草等。银锁下沿垂有银链、银片、银铃等，意在祈求平安吉祥。女孩子直到出嫁后方可取下。

"寄名锁"是一种和长命锁相同且不同义的儿童项饰。有的父母在孩子出生后，担心孩子会夭折，就特意寻找子女比较多的人作为孩子的寄名父母，以求得到庇护。寄名之后，就将锁型的饰物（见图3-89）挂在孩子的项间或挂在孩子的房间里。除了寄名于普通人外，还有一些父母会寄名于诸神及僧尼，目的是借助神灵的力量来驱除妖魔。如曹雪芹的《红楼梦》第三回写宝玉出场："身上穿着银红撒花半旧大

图 3-89

袄，仍旧戴着项圈、宝玉、寄名锁、护身符等物。"《红楼梦》中戴寄名锁的不止贾宝玉一个人，薛宝钗的父母也曾为她认了一个癞头和尚做寄父，薛宝钗也由此而得到一把用金制的小寄名锁，上面写着"不弃不离、芳龄永继"等祝福长命之类的吉祥语。

　　"长命锁"的基本用途是保佑孩子"长命百岁"。中国人通过生命历程的磨砺，把最重要、最美好的祝福都凝固在"长命锁"的意念上，给人感受得最多的是超越"长命锁"简单物化形式的人生理想和生命情怀。所以有的贫穷家庭买不起实物，就抛弃物化的"长命锁"，怀着无比虔诚的心情把"长命锁"转移到孩子的名字上。比如给孩子起名叫"金锁""银锁""铜锁""玉锁""小锁""大锁""锁柱"等等。这种从形而下的"长命锁"器物提升到形而上的"锁长命"的意识，正是我国民间对"天人合一"哲理的认知与应用。

第四章　民间传统童装文化

中国传统的民间童装是中华服饰文化中最活跃、最艳丽的篇章，每一件传统童装都是纹样图案和使用功能完美统一的艺术品，也是充分展现实用艺术的载体。我国传统童装传承着中国民间艺术、工艺技巧、民俗文化和审美情趣。童装文化蕴含着女红技艺、织绣工巧、民风习俗，同时与和谐哲理、儒家文化有着深深的渊源。中国传统民间童装的款式造型和图样绣纹实现了中国童装的两大功能：一是童装避邪趋吉的意象功能，传达了父母长辈们对下一代的祈愿和爱子之心，为孩子带来吉祥、平安和福佑；二是保护儿童体肤免遭侵害的实用功能，更多是表现在驱毒、护体和健康。

本章介绍的儿童传统服饰是中国服饰艺术中设计独到、手艺精美、功能齐全的作品，包括有童鞋、童帽、肚兜、围嘴、斗篷、背带、耳枕、索牌、襁褓、开裆裤等品类。每一件作品都诠释着母亲对孩子无限的关爱和体贴，也凝结着一个民族对生命的崇尚和特有的审美情趣。其造型之生动，色彩之鲜艳，做工之精细都是女红中的精品。文中对各种儿童服饰形制的诠释，主要是通过实物分析和历史渊源考证，包含对其纹样寓意、实用用途的阐明与综述。期望我们共同品尝这些甘醇甜美的文化遗产的智慧硕果，欣赏一件件童装文物的外展与内涵。

法国艺术大师罗丹说："艺术就是情感。"中国母亲倾心制作的儿童鞋帽衣裤是家族的集体情感，她们一针一线亲手刺绣与缝制的服饰都是母辈情感的沉淀。中国母亲除了人类共有的深沉博大的亲子之情外，还有特殊的中国"女红"意义：由于传统的封建制度和人文环境，中国妇女只有生儿育女延续子嗣才能获得家庭地位和社会认可。孟子说"不孝有三，无后为大"，妇女只有无条件地养育好后代才能获得社会的"容纳"。出于"女主内，男主外"的中国家庭结构，她们把毕生精力投入到育儿、养儿的责任中。女子所做的针线、纺织、刺绣、缝纫等"女红"技艺，倾注了她们对家庭的一切情与爱。所以儿童服饰也成为一个女子一生中最精彩的"女红"产品，同样是她们最具成就感的"女红"代表作。

第一节　儿童传统帽饰

童帽是中国传统首服的一部分，是服用于头部的服饰部件。表现形式有冠、帽、巾、抹额等等。中国古代冠帽始于先秦时期的头衣，是我国古人使用的一种束发工具，同时出于礼仪和审美的需要，冠帽又成为头上的装饰品。它曾经是"礼教"文化的象征，也关系着传统的宗教、道德、习俗等华夏文化精神。首服中童帽的礼教功能也已逐渐退化，它的民俗情趣和装饰功能却大大增强了。

具有浓郁中国传统文化色彩的童帽是我国童装的重要组成部分，也是中国服饰大家族中一道亮丽的风景。我国童帽造型的多元化和装饰的多样性在童装中别具一格。比如动物类童帽就包括龙、虎、犰、狮、狗、猪等瑞兽和凤鸟的造型与图案，花果类童帽包含有佛手、石榴、寿桃、荷花等花果造型与纹饰。同时吉祥字样"福禄寿喜""长命富贵""状元及第"等在民间童帽上也比比皆是。每顶童帽构思巧妙的图案和惟妙惟肖的造型，已成为人们爱不释手的民间工艺品。

帽子对儿童来说比成人更具有必要性和存在性。在中国童装史中往往有很多童装仅仅是成人服装的缩小版，无任何特点可谈，但童帽却是儿童的专利。童帽比成年人的帽子更具独特的造型和绣纹，以及立体的式样和装饰。几乎所有成年人帽子样式都会在童帽上有所再现，但童帽的更多式样却难以作为成年人的首服。民间童帽不仅起到防寒、护头的作用，满足了不同气候环境的需要，更是包含着长辈对后辈的殷切期望和美好祝愿，体现着中国母亲含蓄深刻的母爱。无论是虎头帽、狮头帽、公子帽还是凤凰帽等，都成为儿童的守护神，具有辟邪、护卫，祝愿儿童健康成长的美好寓意，集中体现了中国民间育儿的传统习俗。童帽的护头与驱邪的两大功能，往往是互相包容，无法截然分割，有时甚至合二为一了。

动物帽

动物类童帽几乎涵盖了众人所知的动物。童帽的仿真造型既有天上的凤鸟和祥龙，也有水里的鲤鱼和青蛙，既有山林里的虎、狮、鹿，也有庭院里的兔、鸡、狗等。此类帽常常是孩子母亲精心绣制的一种求吉祥避邪恶的护身符。它的造型与形象多取材于各种动物头部造型，所以，民间统称"娃娃兽头吉祥帽"。

民间还认为，帽子上有"眼睛"，可以使邪魔畏惧，或混淆邪魔的视线，从而帮助婴儿逃脱病灾厄运，这也是动物类型童帽至今兴盛的一个原因。

虎头帽

陕西西安东郊的韩森寨唐代墓出土的襁褓婴儿俑头上所戴虎头帽（见"襁褓"图 4-219），是目前所见儿童虎头帽最早的实物例证，这表明至少在一千多年前的唐代，虎头帽已被用作童帽。虎头帽其造型最为奇特，绣制时往往把整个老虎形象绣在帽子上（见图 4-1），娃娃的脑门是老虎头，脑勺处是老虎的尾巴，头顶是老虎脊梁，两侧是老虎的腿和爪子。虎的形象威风凛凛，因此自古以来就被用于象征军人的勇敢和坚强。虎头帽栩栩如生，形象生动，

图 4-1

有驱邪除魔、纳福安祥的寓意。据说"武王戎车三百两（辆），虎贲三千人，擒纣于牧野"。可见虎贲为武王灭纣立下了汗马功劳。虎贲的意思是犹如猛虎之奔走，形容其一往无敌。三国时，蜀国的关羽、张飞、赵云、马超、黄忠被封为"五虎上将"。后来人们便以虎为型缝制成虎头帽，希望孩子像头戴虎头盔甲的将士一样的勇敢威猛。

吴地清末幼童多戴黑色老虎帽。帽的前部呈虎腹形，用彩色绒绣上眼、耳、鼻，前绣一个"王"字。中原一带叫"老虎头帽子"，多为黄、红颜色，有夹有棉。虎头帽的帽脸很低，戴上可覆盖多半个额头。帽顶处缝有两只大的虎耳朵，耳朵与帽子的结合处开一小口，专为透风而设。帽脸上方有一双炯炯有神的虎眼，虎眼上方是粗犷的眉毛，在上方有一个"王"字，下方是阔大的虎口，虎牙尖利，清晰可见，把虎威的气势表现得淋漓尽致（见图4-2）。意在保护孩子驱除邪魔。

图 4-2

虎头帽衬以儿童稚气可爱的小脸，突出娇相憨萌、虎头虎脑的感觉。戴虎头帽的传统除了让虎保护人，还希望孩子茁壮成长，能像老虎一样健壮勇猛、虎虎生风。

图 4-3

在众多造型的虎头帽中还有一种叫月娃虎头帽，是专门为周岁以内的娃娃做的。因它多是从生下来满月时开始戴，所以叫月娃帽。它既能防寒防风，又能保护娃娃的天灵盖不受伤害。老虎还可以保佑娃娃平安，有避邪祛恶作用。月娃帽（见图4-3）做工精细，造型奇特，大鼻子由七彩色布拼成，口

图 4-4

边还贴有一只五色斑斓的蝴蝶。特别是两只巨耳，里面画有戏婴图，下方还垂堕着两个丝线彩穗。随着孩子活动，彩穗招展。帽子双耳的"堕穗"又寓意"多岁"。虎头月娃帽不但保护月中之娃，也寄予饰物的长寿祝福。表达了母亲所倾注的全部心血。

在中国北方的冬春两季气候较寒冷，棉帽子必不可少，童帽中"虎头护脸帽"（见图 4-4）更为讲究。不仅两边脸颊有护脸帽片，在帽子后边也有一片棉布遮掩后脖颈。

鱼头帽

中国鱼文化是中华民族的一大创造，是中国文化史上历史悠久的文化现象。鱼文化最早发轫于旧石器时期，至少在五万至一万五千年以前，鱼类就已成为中华大地上，人类先祖食物的可靠来源，同时也构成人类精神世界的神秘意象。鱼作为八卦阴阳两仪的象征（见图 4-5），具有哲理的意味。除了道家抽象的太极之说，在民俗风物中则寄寓着双鱼抱合、鱼龙化变的吉祥心理。

图 4-5

由于鱼被民间作为女阴器官并赋予多子的象征。历史上女子皆趋向以佩戴鱼饰来求子与祈福。由晋至宋辽，极为兴盛的鱼饰物有女子的金银鱼簪、双鱼耳坠及鎏金鱼尾冠饰等。在北宋淳化年间，面饰装镂鱼的京师妇女就曾以"鱼媚子"饰面而风流一时。

中国鱼文化中的鱼头帽也皆为女幼童所戴，形状大致如双鱼"连体鱼"形（见图4-6），是指两尾或两尾以上的合身共体的鱼图。两鱼头尾方向一致，并列同行，表现出亦步亦趋、和谐一致。图像符号有双鱼图、鱼鸟图、鱼馨图、鱼跃龙门图、鱼穿莲花图等纹饰。

图 4-6

鉴于鱼含有把握阴阳两界转合、推动生死往复的寓意，使鱼类得以被尊奉为祛病消灾的护神。在北京潭柘寺有一条康熙年间制成的木鱼，曾被人们视作能治病化灾的"仙鱼"而受到叩拜。敲其头可治头疼，敲其身可医肚疾，敲其尾可止脚病。

麒麟帽

麒麟是动物类型中人为组合的吉祥兽型，从其外部形状上看，集狮头、鹿角，虎眼、麋身、龙鳞、牛尾于一体，尾巴毛状像龙尾，有一角带肉。据说麒麟的身体像麋鹿，被古人视为神宠。麒麟也是中国古人崇信的神灵。在中国众多民间传说中，关于麒麟的故事虽然并不及龙、凤，但在民众生活中无处不体现出它特有的珍贵和灵异。

麒麟帽（见图4-7）是童帽中最具特色的设计。因民间视麒麟为祥瑞之兽，它还能给人们送子、纳福，因而深受女红艺人喜爱，将它做成各种各样的麒麟童帽（见图4-8）。此种兽头帽做工非常精妙，绣制的花叶、花瓣夹衬纸花并垫有棉花底样，好似浮雕，给人一种既华丽又庄重憨厚的感觉。戴在孩子头上，以求孩子平安成长。

图 4-7

狗头帽

狗头帽最早出现在清代，全国各地都有所见，女孩也可戴。南方的孩童尤其在冬季常戴。在帽顶两旁左右开孔，再装上寸把长的向上翘起的两只狗耳朵。前脸绣有一对狗眼睛，龇牙咧嘴活像一个狗头的形状（见图4-9）。在偏僻乡野的农村，儿童戴狗头帽也非常普遍。不仅制作简易（见图4-10），其寓意也十分奇特：贵子贱养，俗称"狗头狗脑，容易成长"。在狗头帽上，往往嵌上银质"长命百岁""八仙""长命富贵""金玉满堂"等字样的图案。

图 4-8

图 4-9

提起狗头帽，还有一则鲜为人知的故事。清朝时期，浙江宁波小江一带有一户姓李的兄弟两家人，弟媳为了霸占家产，趁哥哥不在家，设计把哥哥家的新生儿抛到荒郊野外地里。谁知这一切让哥哥家养的一只喂崽的老黄狗看见了。它把孩子衔回了狗棚。当哥哥回家了解事实后，抱着

图 4-10

亲生的孩子欢欢喜喜回到家里，给孩子起名叫"狗保"，又请当地最有名的裁缝，仿照看门的老黄狗，给孩子做了一顶帽子戴上，"狗头帽"因此得名。人们觉得这狗头帽又活泼又可爱，又讨个"好养活"的吉利，就纷纷学着做。狗头帽逐渐成为常见的帽子了。

犼头帽

在中国古代的神话故事和民间传说中，"犼"最早只是一种似犬的野兽，曾与女娲、昊天、伏羲一同被称作四大古神。也有传说是龙王的儿子，是一种极有灵性的并有守望习惯的动物，因性喜坐守远望，俗称"望天犼""朝天犼""蹬龙"。北京天安门前两个华表上的朝南而坐的就是"犼"，也叫"望君归"。形象为对天张望之势，被视为上传天意、下达民情的瑞兽。

图 4-11

"犼"被民间望子成龙的父母们做成了童帽（见图 4-11），祈盼自己的孩子如同"犼"一样站得高看得远，有美好的期望和远大的理想。"犼头帽"多为深绿色（见图 4-12），最大特点是两只望远的大眼，几乎将眼珠瞪出来。还有两只硕大的耳朵，耳朵上绣纹并饰以彩色缨穗。嘴巴阔大，露出一排尖利的牙齿，鼻子一道梗儿，帽后竖起一道尾巴，似龙尾亦似虎尾。

图 4-12

我国帝王崇拜"豜"的习俗，可能是华夏远古崇尚四大古神的遗风。而民间崇尚"豜"的原因，主要是"豜"总是抬着头，睁大眼，朝前望的特征，特别符合父母对孩子前途的期望心理。一顶威武壮胆的豜头帽，饱含着长辈对后辈的祝福与期望。

猪头帽

猪头帽（见图4-13）大都用夹层布制作，也可在夹层中铺上一些棉花让孩子在严冬季节戴着暖和些。猪头帽的外形很别致，显得十分可爱。大人们期望孩子戴猪头帽，是因为猪能吃，不挑食，好养，又丑陋，不招邪祟。像猪一样吃什么都容易

图 4-13

长大，还长得胖乎乎，反映了民间孩子"贱养好活"的习俗，以及期望孩子健康成长的良好愿望。

图 4-14

猪头帽有个古老的传说。在四川有一家农户的儿子，儿媳生了个小女孩。重男轻女的奶奶一心想抱个大孙子，就狠心把小孙女遗弃在荒野里。过了几天奶奶后悔时，孙女已经不在了。全家急得到处寻找小女孩。一天，一家人突然听到一阵野猪叫，还听到女娃子的声音，赶紧顺着声音跑去一看，只见一头母野猪跪在窝边，正在给一个女娃子喂奶。而自己的猪娃子饿得直哼哼。回家后，为感谢母野猪救了女娃子的命，儿媳专门做了一顶

猪头形状的帽子（见图4-14）给女娃子戴，表示对猪的感谢。其他人家也跟着效仿，渐渐地形成了一种习俗。

狮头帽

狮头帽也是民间流行童帽的一种。用色布立体缝制，帽顶贴绣狮子眼睛、耳朵、牙口等立体纹样。一般狮头做得较大，狮身较短，其最大特征是在大嘴里有一个彩色球，强调狮子滚绣球"越滚越有"的寓意。整顶狮头帽形象夸张稚拙，气宇威猛，色彩鲜明，生动可爱。民间习俗认为，狮子与老虎同为百兽之王，儿童戴狮子帽，亦是取辟邪、消灾、吉祥安康之意。狮头帽分硬壳和软壳两种。软壳帽子是给女孩子专戴的帽子（见图4-15）。采用鲜艳的真丝软缎剪裁绣制。帽子的各个部件都是采用多种颜色的丝绒线搭配绣制，色彩绚丽夺目，样式玲珑剔透，十分引人注目。狮头帽左右有两个伏贴的大耳朵，还有盘绣的鼻子和大圆眼睛，嘴巴里的绣球呈立体效果。而硬壳帽子是专给男婴儿们戴的，它的工艺相对而言则要简易一些（见图4-16）。帽子是硬壳状不会变形。帽子上的两只耳朵冲前面略微折倒。鼻子是采用软缎裁制，在凸出的兽鼻上还进行了装饰。狮子嘴巴是复杂精细的部位，上下都有用白色软缎掐缝而成的牙齿，牙齿之间有个红白相间的绣球。两边还各有两颗獠牙朝外高高撇卷着，代表着男孩的威猛。在帽子的两侧

图 4-15

图 4-16

分别吊挂着寓意"多岁"的"堕穗"，寄托着对男孩子长命百岁、吉祥如意、荣华富贵等心愿。

"狮头帽"被视为吉祥之信物，大凡婴儿满月或孩子周岁，外婆便要送两顶"狮头帽"，一般从得知孩子降生的喜讯起，外婆就要开始绣制"狮头帽"，以表示对孩子美好的祝愿，祈求"益寿延年、聪敏智慧"。

花果帽

以植物花果为造型的童帽，都是为女孩子设计的，象征女儿如花一样的柔美、靓丽、高洁、端庄。因为莲花出淤泥而不染的圣洁性，象征着纯洁与高雅、清净和超然，所以民间女孩子大都戴"莲花帽"。女孩子戴上花果帽不仅"如花似玉"，同时也包含着她们长大后将出落的亭亭玉立、美丽大方、坚贞纯洁的期望和祝福。

图 4-17

图 4-18

花果类童帽大多以仿制的花果纹样为名称，如莲花造型的叫"莲花帽"（见图 4-17），石榴造型的平顶帽的叫"石榴帽"（见图 4-18），石榴造型的无顶帽叫"石榴圈帽"（见图 4-19）。还有一种流行于江南地区的荷花帽，是儿童四岁之前戴的，又称"荷花公子

图 4-19

帽"（见图 4-20）。此帽大轮廓是一顶相公帽，前圈饰以荷花纹样，上面装饰五片立体荷花瓣，每片荷花瓣上用色彩渲染，五片花瓣合拢环抱一个满是莲子的大莲蓬，翠绿的荷叶托住莲蓬。

图 4-20

因给女孩子戴用，所以帽子的绣制皆为细腻和妖艳。以荷花帽（见图 4-21）为例，整个帽壳的针法就运用"齐针""抢针""扣锁针"等十几种针法，突出显示了荷花的色彩变化以及荷叶分明的经脉走向。绣制的花朵呈荷花盛开状，荷叶呈现舒展、清秀的状态。另外在莲蓬上的莲子形象既写真又变化。整个荷花富有立体感和动态感。

图 4-21

公子帽

公子帽又称相公帽（见图 4-22），也是旧时秀才文人雅士所戴的帽子。形似京剧中书生相公戴的文生巾或解元巾，其特点是自帽顶至两侧有"如意头"硬边作为装饰，背后垂有飘带两根（见图 4-23）。在我国南北各地均有公子帽，皆为男童所戴。公子帽的流行主要是民间受到官吏文化影响，祈望孩子将来仕途辉煌、大富大贵。民间还期盼从小戴公子帽，长大以后可像公子那样文质彬彬、知书达理、求得功名。

图 4-22

图 4-23

图 4-24

公子帽（见图 4-24）称得上是一项工艺全面的帽子，有一个完整的帽壳篓和挑担似的两边如意头。这种帽子的纹样不仅繁多还有贴、有绣、有镶。公子帽工序复杂，其盘金压银镶镜的特殊工艺很少见于其他童帽。这种"公子帽"虽然孩子的母亲也会做，但更多时候是由姥姥家做成，做成后还要让外公戴一戴，含有瓜瓞连绵的祝福之意，亦有冠（官）上加冠（官）的礼意。通常在孩子"做九"或"满月"时送去给婴儿戴。由于公子帽是男孩帽，女孩基本无权佩戴，顺应了在"重男轻女"的封建社会中女性地位低下的习俗。

罗汉帽

传统罗汉帽最突出的特征是帽上缀以很多银饰。罗汉亦称"佛头"（见图 4-25），所以罗汉帽也称"银佛头帽"。通常以彩缎或色布缝制，分棉、夹两种，在罗汉帽前方缀有多个银铸小罗汉。有的帽子饰五尊银坐佛头，以寓佛爷保佑之意，亦有的帽子还绣有五彩吉庆纹样。帽后垂有银铃、葫芦、双鱼银印等饰物（见图 4-26），取长命富贵含义。一般在婴儿百天或周岁时，由外婆或姑姑赠送。旧时的孩子因各种情况夭折的事情时有发生，很不易抚养，民间讲究用金银饰物来给孩子

图 4-25

图 4-26

消灾驱难。除了在孩子脖颈上戴银项圈、挂银锁、手脚戴银镯子，还在童帽上缀上五花八门的银饰物，如铃铛、银牌、银链、观音、八仙、寿星及其他挂件。人们认为这样有祛病消灾的功效。银饰物的图案也有用汉字组成吉祥的文字（见图 4-27）。有的罗汉帽前面及两旁缝缀九个人形，以锡片代银。中间一个寿星，两旁为八个神仙，此为"八仙放寿"，专门预祝婴儿长命百岁，所以又称"八仙放寿罗汉帽"（见图 4-28），希望孩子们福、禄、寿、禧样样俱全健康长寿。

图 4-27

图 4-28

童帽上使用的金属饰品是童帽及童装重要组成部分，具有浓郁中国传统文化色彩。童帽饰品也是中国服装饰品大家族中一道亮丽的风景。在民间童帽金属饰品上既有龙、虎、狮、凤等瑞兽图案，又有佛手、石榴、寿桃等花果纹饰，以及"福禄寿喜"、"长命富贵"等吉祥字样。童帽金属饰物图案构思巧妙，造型大方别致，使传统童帽更加靓丽和别致（见图 4-29），成为人们爱不释手的民间工艺品。

图 4-29

河南洛阳周氏银器博物馆里，有一件民国时期的极品男童罗汉帽，上有各类帽饰品共五十四件：帽前沿第一层十八罗汉十八件，第二层八仙寿九件，第三层五福人五件，第四层虎头狮子三件，左右帽饼花四件，帽后牌一套六件，帽边铃九件。当年中原民众称此为男童的"一头银生活"。

披风帽

披风帽是寒九腊月里，专门用于挡风避寒的童帽（见图4-30）。披风帽精工细绣，具有特殊的实用与装饰效果。有的地方把专门遮风的叫风雪帽，专门防寒的叫风棉帽（见图4-31）。其特点是带一絮棉披风，把脑门、脸盘、耳朵、后脖部位统统遮盖起来。图4-32是美国人甘博于1917年在杭州拍摄的图片，孩子站在高约一米、上大下小（下口直径约60厘米，上口直径约35厘米）的圆口木桶里。桶腰65厘米处安放一块木栅隔板，隔板下面放上一只炭火微红的火盆，小孩站在隔板上面，头上戴着披风帽，组合成南方特有的全方位的保暖神器。披风帽花样繁多，修饰性强，主要是在披风帽的前脸和帽尾上。帽脸处的绣纹既有荷花、牡丹花，也有虎头或狮头造型（见图4-33）。帽子的披风尾上因面积较大，则图案也复杂，有绣金菊、竹丛的，也有绣着凤凰、牡丹（见图4-34）与百草花篮的（见图4-35）。有的在帽尾和帽脸处还缀有立体的堆锦绣图案。（见图4-36）。

儿童披风帽大多是用红色与紫色绸缎做底布，黑色做边缘（见图4-37），远看犹如冬天里的一把火，感到暖热如炽，火红色也有辟邪免灾的功能。在清朝官员的冠戴一般是红色，民间的帽子被限制，只能用黑、蓝、青等颜色。清以后父母给小男孩戴红色披风帽，犹如顶戴朱赤，反映了望子发迹、飞黄腾达的传统观念。有的披风帽多缝缀有

图 4-30

图 4-31

图 4-32

图 4-33

图 4-34

图 4-35

图 4-36

图 4-37

细长的彩色飘带，不但穿戴起来随风飘逸，在大雪劲风时还可以束紧披风帽。

通天帽

通天帽最初是专门给婴幼儿用的一种头饰品。通天帽顾名思义就是围圈在头四周，上面没有帽壳，头顶直接通天的帽子（见图4-38），亦称帽圈。豫北地区称为"栲栳"，江南地区称"圈圈帽"。一般家庭在婴孩满月之后，家人便要给他围上帽圈，以防风寒。有的通天帽的后面还带有披风（见图4-39），更有利于避风寒。因通天帽是给婴孩使用，通天帽的底布和刺绣都做得柔软细腻。为适应婴孩头部生长较快的特点，通天帽的接口是可以拆缝的（见图4-40），能随时调整帽围的大小。

通天帽本身虽然简单，但母亲在制作时却精工细作。在一寸左右宽的底布上绣出各种图案的花纹（见图4-41）。她们按照男孩和女孩的喜好与特征，在装饰和造型方面变化多端。男婴的通天帽多以动物图案为主，如有老虎（见图4-42）、兔子（见图4-43）、蝙蝠等。而女婴的帽圈则多缝贴花卉图案，诸如莲花（见图4-44）、荷花（见图4-45）等。

眉勒帽

眉勒由男女皆戴的首服发展而来，后来逐步成为女性专用的头饰品（见图4-46），又称"抹额""勒子"等。在山西芮城元代永乐宫纯

图 4-38

图 4-39

图 4-40

图 4-41

图 4-42

图 4-43

图 4-44

图 4-45

阳殿壁画上所绘的妇女额间扎着的布帛即是早期眉勒，由于能防止鬓发的松散和发髻的垂落，使发型整洁美观而受到士庶妇女的喜爱。发展至明清时期乃至民国时期眉勒成为女性最盛行的头饰品。图4-47是清代的一个女子学堂里戴眉勒看书的女孩，图4-48是1902年美国人Guilelma Alsop拍的戴眉勒的女孩。女童眉勒戴在头上后，一能抵挡风寒侵额，二能压住前额散发，三能护住两侧耳朵。所以眉勒的造型多为以下三种：一是中间拼接且狭窄，耳朵处宽呈半月形，后尾呈尖端，俗称"耳盖"（见图4-49），这种在使用时可将两耳遮住，具有保暖耳朵的作用，较受女童欢迎；二是中间略宽，两边到后端皆窄俗称"枣核形"（见图4-50）；三是仅为一条等宽约4厘米的带面，形状无起伏如一马平川，至两端形尖，俗称"两头尖"（见图4-51）。

女童眉勒的材料有布帛、锦缎、毡氇等，多用红缎或红平绒等做面子，红绒布做里子，内夹薄棉絮（见图4-52）。从女童眉勒的质料及装饰工艺可以准确地判断女童家庭的富贵贫贱状况。富贵家的女童佩戴的眉勒质料多为上等的暗花锦缎，丝绒外沿配貂、狐之皮（见图4-53）。其装饰工艺繁缛复杂（见图4-54），如刺绣、盘金、镂空、镶嵌装饰，等等，题材多由吉祥文字（见图4-55）、花草鸟虫等生活中常见的动植物组合图纹。

我国各民族的童帽非常丰富、绚丽多彩。湘西土家族小孩的服饰突出在帽子上。他们通常按年龄、季节确定帽型：春季戴"紫金冠"，夏季戴"蛤蟆帽""圈圈帽"，秋季戴"冬瓜帽""八角帽"，冬季戴"虎头帽""凤尾帽""风帽"等。湖北西部等地土家族妇女爱给小儿绣制五彩小帽，因为顶端形似瓦片，所以得了个"瓦盖头"的名字。当地

图 4-46

图 4-47

图 4-48

图 4-49

图 4-50

图 4-51

图 4-52

图 4-53

图 4-54

图 4-55

的心意民俗中，人们认为帽子像屋顶，也就预示着头顶有青瓦房宇，有望成为拥有深宅大院青瓦房的富户。妇女们再在帽子上绣上荷花绿叶、山茶牡丹、二龙戏珠、狮子滚球、鸳鸯戏水等，吉祥的图案更点明了祝孩子长大以后能够福寿双全的意愿。云南地区的彝族童帽多姿多彩。幼儿在一两岁戴特别的童帽，云南昆明阿拉乡彝族撒梅人叫"飘靡卡"（飘帽），帽子前面为扁平状，镶着花边，有时贴小玉片或钉小佛像，帽顶和帽两侧绣花朵图案。男女童帽有不同的特点，女孩的帽檐伸出部分呈椭圆形，男孩的帽后檐伸出呈燕尾状，又叫"燕子帽"。孩子满周岁后，男孩就不戴帽了，女孩就换上"鸡冠帽"，凡女孩年满三岁以后都要戴鸡冠帽，直至出嫁为止。"鸡冠帽"是用硬布剪成鸡冠形状，在表面上绣上各种花卉，戴在头上像一只"喔喔"啼鸣的雄鸡。鸡冠帽是撒梅女孩吉祥、幸福的象征。鸡冠帽戴在头上，表示雄鸡伴着姑娘，永远光明和幸福。

基诺族古俗中有贝崇拜，不同的支系有不尽相同的观念。在基诺山区的"阿细""阿哈"支系中，贝壳为白腊泡（祭师）专有，是贝神的象征。而在勐旺区的"乌尤"支系中，贝壳仅是灵物的象征，为了避邪，在小孩出世前就要为其准备一顶小帽，上缀有一对贝壳、两片姜、两根小狗趾骨和一点铁器，待小孩出生后戴，到两岁时收起。

广西崇左龙州壮族地区童帽，帽上缀满各种锥形银饰。银饰上的饰纹，既有秀丽多姿的奇山，又有含苞待放的花蕾，还有鼓圆双眼的鸣蝉和咧嘴笑的大肚罗汉。缀上银铃的各种童帽犹如一件工艺品。广西都安、那坡壮族布侬娃娃过去兴戴孔雀帽。布侬人认为娃娃戴孔雀帽吉祥，可以消灾灭难。五光十色的孔雀帽戴在头上，孔雀头扬在前额，孔雀尾巴披在身后，如一只真孔雀落在娃娃身上一般，使娃娃显得更加美丽、可爱。

新疆天山地区的柯尔克孜族，儿童们戴的是白毡帽，在顶端缀满珍珠玛瑙的大红璎珞，并绣上各种花草鸟兽、山水图案。这种毡帽缀着各种五光十色的装饰，美观精致、小巧玲珑，甚至有的帽上还绣着孩子们的生肖图案。

云南大理、云龙等地区的白族男女幼童的头饰，都以通尾帽为母体，演变出虎头帽、猫头帽、狮头帽、兔头帽等多种形式。童帽上用彩线绣上梅花、菊花等。帽子前面装饰玛瑙制成的青蛙、佛像以及各式各样的银饰品。帽子两侧缀以圆形银饰，有的还在头顶装上绣球，帽尾缀上银铃，显得可爱灵动。

普米族男孩喜欢戴用羊毛线织成的套头帽，在面部留有孔眼，帽顶有一个大线穗。女孩用布缝制的帽子，上呈猫头形状，双耳挺立。有的在帽子边缝上一对獐牙，有的帽子饰有五个银质菩萨，祈求保佑女孩吉利，这种装饰还起到一种避邪的作用。

黔西北一带布依族小孩一般都戴"尾巴帽"和"佛式银花帽"，帽上用银链吊着"长命富贵"的银牌，颈上戴着"长命百岁"的银锁。也有的戴绣花帽，帽后吊有"吉祥平安"四个小银牌，这种童帽大都是外婆送的。

"猫头帽"是仫佬族儿童喜戴的帽子，两岁以下的小孩普遍戴此帽。此帽做法比较复杂，先用布剪成猫头形或者莲花瓣形，再用彩色丝线把形象绣出来，最后用一寸半宽的长布条缝成圆桶形，把猫头或莲瓣纹样接起来，形成前满后空的凉帽，这是春秋两季用的帽子。冬季帽子是有袋状帽壳的，把猫头或莲花瓣缀在上面，或者绣上其他图案的花纹，有时还钉一些银制品。

毛南族女孩戴的"圈圈帽"十分讲究。圈帽的边宽约一寸，用里蓝外黑的两层布制成，从两边至前顶分层逐步加高，形如一座小山，故又叫"小高山帽"。"高山"部分装饰蝴蝶、花草等刺绣图案。还有一种"皱褶帽"，先用布缝成筒状，然后将顶部折褶起来再用线扣紧，使顶部留有一个鸡蛋大的洞眼，故称皱褶帽。

第二节　儿童传统肚兜

　　小儿肚兜是一件婴幼儿遮盖胸肚的贴身小衣，其历史颇久，被称为中国最古老的童装。旧俗女子怀孕有喜后，母亲和婆家就开始为快出世的娃娃缝制肚兜。很多地方的新生婴儿也以小肚兜作包脐带。幼儿从满月起就开始系用，此后孩子在十二岁前，每年五月端午节，一般由舅舅家送肚兜。陕西地区五月五是外婆家送肚兜，在豫西过端午节讲究奶奶给孙子送肚兜。孩子在十二岁以后则是由母亲缝制。

　　肚兜的来源可追溯到天地混沌初开之时。女娲和伏羲兄妹二人在漫天洪水以后通婚，生儿育女，女娲给她娃娃的第一件服饰就是形似蛙肢四展的"肚兜"。远古时期的女娲（蛙），演变为保护华夏民族生殖延续的原始图腾，至今民间还世代延续着原始"蛙图腾"肚兜的传说。在陕西地区，婴儿从母体呱呱坠地，第一件护身服就是穿上"蛙图腾"肚兜（见图4-56）。正如陕西临潼一带儿歌里的肚兜："跷跷蹊，蹊蹊跷，掰着脖项搂着腰。"这种肚兜系在人身上的形状，十分类似一只青蛙伸展四肢抱住人体，上搂脖子下搂腰。犹如蛙形的肚兜也记载了女娲崇拜的史实。甚至在渭河两岸的百姓直呼小儿"肚兜"为"蝦蟆"，可推断"蛙图腾"是今天肚兜实用品的缘起。肚兜在各个朝代的沿袭中，出现着不同的名称：秦汉时期称"抱腹"，魏晋时期叫"抱腰"，唐代称为"抹胸"。图4-57是北宋苏焯的《端阳婴戏图轴》描绘了三个顽皮的孩子戏耍的场景，其中两个孩子穿了一红一绿的"肚兜"，宋代称肚兜为"裹肚"，到了明代又称为"主腰"，一直到清

图 4-56

图 4-57

代才称作"肚兜"。

肚兜的刺绣装饰十分讲究：在肚兜中间绣的大都是民俗主题，上缘是绣饰重点，其余三个角的位置是点缀式绣花。肚兜工艺包括剪裁、缝制、刺绣及色彩构成等，属于民间女红艺术中的综合技艺，所以童肚兜不仅在护体上具有实用价值，同时也反映出民间审美情趣和地方习俗。比如沈阳一带，满月起名时要为孩子做个"肚兜"系在肚上，目的是"护住心口窝"，以防受凉感染之害。"肚兜"要用蓝底布做成，取其谐音"拦住"，表达长命百岁之心愿。

肚兜制作相对衣饰较简单，以布或绸，剪成菱形，然后再裁成上方下圆，左右稍尖，上面系上带子，可以套在头颈上，左右各缝上两条带子，可以缚在腰间，达到即可保护腹部免受风寒，又可遮盖的目的。相传在清朝以前，肚兜都是用布条连

图 4-58

接在颈间的，但是到了乾隆年以后就有了用银链子系在脖子上（见图4-58）。具体原因据说刘墉参了乾隆一本，把明朝明陵的木材修葺了清朝的皇宫。因此乾隆就将肚兜的布条改成银链子，象征着披枷带锁，自我惩罚的意思。从此官吏富贵家的孩子都以显露肚兜的银链为荣。

肚兜的款式从目前的收藏来看，以菱形为主，还有一些另类款式，如鹅蛋形（见图4-59）、扇形、葫芦形、帖袋形（见图4-60）等。肚兜艺术除刺绣为主外，也有用贴布艺术展现魅力的（见图4-61）。有的还镶有金银丝线，显得精美绝伦。

肚兜经过漫长岁月的传承，在艺术创造过程中，逐渐形成了一套技艺性极强的布局程式，概括起来有以下六种形式。

居中式（见图4-62）纹样的图形处于肚兜的中心位置，图形较为集中，处于肚兜中间位置。

满地式（见图4-63）是指纹样图案在整个内衣上大面积铺展，几乎被图案完全遮住。整个构图的图形饱满，传统吉祥图案安排疏密有致，繁而不乱，有种浑然天成的感觉，具有很强的视觉冲击力。

上缘式（见图4-64）指图案就装饰在整个肚兜的最上部分，其他皆为底布。

图 4-59

图 4-60

图 4-61

图 4-62

图 4-63

图 4-64

图 4-65　　　　　　　　　　图 4-66　　　　　　　　　　图 4-67

下角式（见图 4-65）的布局安排给人以想象的空间，有紧凑、有稀疏，充满节奏感的韵律，把图案集中放在整个面积的下面位置。

四偶式（见图 4-66）的图案分布在肚兜的四个角上，既对称又均衡。

角心式（见图 4-67）的作品采取在中央绣出圆形适合纹样，犹如一汤盘。四角分别饰以扇形"角花"的布局形式，犹如四碟菜，民间戏称之"四菜一汤式"。

儿童肚兜所使用的纹样主要是中华几千年历史传承下来的民俗图纹，它是古代人们在生活历程中的感悟。吉祥图案纹样是儿童肚兜纹饰的重要组成部分，其特色具有祈福的内涵，充满了哲学和智慧。大致可分两大类图纹。

期盼孩子出人头地纹样肚兜

图 4-68 是"麒麟状元"图，头戴状元帽的孩子手持莲花坐于麒麟之上，另一手持如意的童子立在麒麟上为其开道。体现"天上麒麟儿，地上状元郎"之寓意。麒麟图形

图 4-68

简约而大度，富有张力，形神与动态皆显超然脱
俗，突出了麒麟是实现状元郎理想的祥瑞仁兽。

图 4-69

图 4-69 是"独占鳌头"图，据说皇宫殿前
石阶上刻有巨鳌，只有状元及第才可以踏上迎
榜。后来比喻占首位或第一名。在波涛滚滚的水
面中，戴官帽的孩子站在鳌头上。大有"蟾宫折
桂""高中榜首"之意，即祈盼和激励孩子将来
高中皇榜。

图 4-70

图 4-70 是"连中三元"图，以三桂元寓意三
元，表示一种向往升腾的图案。乡试、会试、殿
试的第一名为解元、会元、状元，合称"三元"，
"三元"是古代文人升腾官位的阶梯。

图 4-71

图 4-71 是公鸡图案。这是传统吉祥图案中历
史最悠久的图案之一，昂首挺胸的公鸡，大红冠
（官）高高挂。鸡"与"吉"谐音，又有辟邪消灾
的寓意，寓意官运高照，大吉大利。

图 4-72

图 4-72 是"鲤鱼跳龙门"图案，反映了鱼
龙变化的升迁之路，祈望孩子长大后，官位亨通、
荣宗耀祖。

图 4-73 "双狮戏球"图。民间称之为"狮子

图 4-73

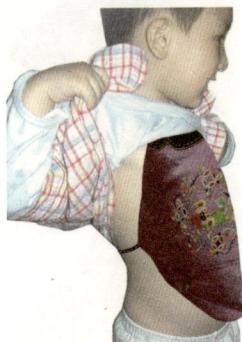

图 4-74

滚绣球"，俗传，雌雄二狮相戏时，它们身上的毛缠在一起，滚而成球，小狮子便从中产出，表示喜庆吉祥欢乐之意。狮子自汉代传入中国即有瑞兽之誉，称为"百兽之王"。由于其名与"师"同音，又喻"太师少师"，是位高权大之传承象征。图 4-74 的肚兜是一个狮子耍三个绣球，民间曰"一狮三球，越耍越有"。意寓孩子长大后既有钱又有权。

祝福孩子健康长寿纹样肚兜

图 4-75"虎镇五毒"图。此为儿童肚兜常常绣制的图案。老虎爪踏"五毒"，象征孩子辟邪纳福，大人以此寄语孩子健康成长。在陕西地区"五毒"又作"五精"。民间传说"虎食百鬼"，以虎震慑五毒，即出典于此。

图 4-76"三多吉祥"图。民间儿童肚兜上经常以"寿桃、佛手、石榴"作为题材，三种不同的果实装在一个花篮里称为"三多吉祥"。源出《庄子·天地篇》"华之封人祝尧曰：使圣人富，使圣人寿，使圣人多男子"，常用于祝颂人生美满。

图 4-77 是用特殊的字符"福"来传达自己的诉求。"福""寿"是人们习惯用来表达意愿的字符，寓意对孩子的福运和长寿的祈望。"福"字符一般放置在肚兜的中心位置，有"福在胸间"的装饰意味。

图 4-78 "耄耋富贵"图。牡丹花下的猫谐音同"耄"，牡丹花上面飞舞的蝴蝶的蝶谐音同"耋"，"耄耋"二字已是长寿之意，而牡丹又是富贵荣华的象征，合在一起便是企盼孩子"耄耋富贵"之意。

图 4-79 "富贵千秋"图。图中童子一手持芦笙（生），一手擎桂（贵）花立于莲（连）上，寓意"连生贵子"。图中菊花象征千秋，余者尚有鱼和莲花等纹样取"年年有鱼"。一般莲花配以花卉草虫，大多是期望孩子趋吉避凶、吉祥幸福的主题，因此图纹称之为"富贵千秋"。

图 4-80 "连年富贵"图。纹样中凤凰牡丹与莲花都是传统吉祥纹饰，凤凰谓之百鸟之王，牡丹象征荣华富贵，凤凰与牡丹组合表示孩子长大后富贵荣华。莲花寓意荣华永驻，期盼孩子"连年富贵"。

图 4-75

图 4-76

图 4-77

图 4-78

图 4-79

图 4-80

第三节　儿童传统围嘴

　　围嘴是系在小孩脖子周围的帛垫圈，是为防范小孩流口水、遗乳或汤食弄脏衣服的儿童护围饰品。一般由娘家人的老少女眷，包括外婆、舅妈或表姐、表嫂给孩子做。其实用价值主要是接小儿口水的，所以也称"口水牌""围涎""涎水牌"。婴儿大约从第四个月起就开始长牙，口水就增多了。鉴于婴儿的口腔较浅，当唾液分泌增多时，口水便会溢出口外。另外婴孩的闭唇意识和吞咽动作还不协调，因此也会流出很多口水。带上围嘴后，避免了婴儿的颈部和胸被唾液弄湿。不仅婴儿感觉舒适，还减少了换衣服的次数。

图 4-81

　　早在重庆大足石刻形成中，已有儿童佩戴围嘴的形象（见图4-81）。围嘴的文字记载，最早可追溯到汉代。西汉语言学家扬雄所著《方言校笺》卷四，即有提及"繄袼"一词，晋代文学家郭璞标注："即小儿涎衣也。"清代名物训诂及考据学者郝懿行在《证俗文》卷二中明确提到："涎衣，今俗谓之围嘴。其状如绣领，裁帛六、走片，合缝，施于颈上，其端纽，小儿流涎，转湿移干。"古代的围嘴多为圆形，如清代文字学家朱骏声《说文通训定声》所言："苏（州）俗谓之围瀺，着小儿颈肩以受涎者，其制圆。"圆形围嘴使用灵活方便，若围嘴一面湿了，母亲就会把围嘴转一下，以保持下巴部位总是干的。这也符合古时的描述："小儿流涎，转湿移干。"在民间关于围嘴的传说有一个感人的故事；北宋时期浙江有个领袖人物名方腊，官逼民反带头起义。义军一次在淳安的村子里，发现村里有父母逃路时来不及带走的婴孩。

方腊就吩咐部下磨米粉，烧米糊，喂孩子吃。义军马上要开拔作战了，方腊做了很多大薄饼，中间挖个孔，套在孩子的头颈上，当孩子饿时就能张嘴就吃。义军走后，孩子的父母一路啼哭回来，心想孩子不被杀死，也会饿死。谁知到家一看，孩子的头颈上套着一个大薄饼，边吃边笑。后来，方腊起义军不幸失败。当地妇女用布做个围嘴，精心绣上各种花样，套在孩子头颈上，让孩子们永远记住方腊起义军。

围嘴的制作较为简单，通常用布帛缝制，中间开一圆形领口，四周向外延伸，可覆盖颈下和两肩，沿领窝缀袢，类似小"云肩"。精致的围嘴饰有彩绣，所绣纹样和文字内容多体现吉祥寓意。围嘴从最初的简单圆形逐步发展到造型、风格各异的形态，形成了独特的装饰艺术，其中蕴含了丰富多彩的民俗文化，寄托了母亲为孩子辟邪驱病、消灾免祸的情怀。

传统围嘴的材料大致有两种：一种为梭织面料即编织棉布，此种面料易于刺绣和绘画装饰，女红围嘴大多用梭织布（见图4-82）；另外一种面料为针织布，俗间称"毛巾布"（见图4-83），此种面料因棉线弯曲成圈并相互串套，使其具有质地柔软、吸湿透气的特点，正适应围嘴柔软吸湿之要素。

日常百姓生活中的围嘴，都是每一个母亲一针针、一线线用心缝绣。她

图 4-82

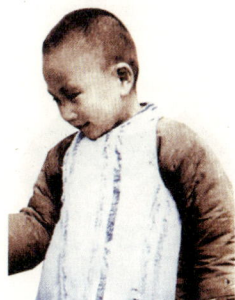

图 4-83

们把人类最真挚的母爱、亲人的温暖、心灵的美丽都倾注在这些女红小品中，使人类最善良的本性延绵传承到今天。围嘴发展至今造型繁多、纹样丰富，为后人留下了宝贵的物质财富和精神财富。大致常见的造型有四种类型，即花瓣型、娃娃型、动物型和一体型。

花瓣型

该类围嘴犹如一片片的花瓣组成，外形轮廓大都是圆形。花瓣的数目以五瓣较多（见图4-84），还有四瓣（见图4-85）、六瓣（见图4-86）、七瓣（见图4-87），等等。单瓣的便是简单的扇形围嘴了（见图4-88）。花瓣形的绣纹图案多样；包括花果（见图4-89）、动物（见图4-90）及文字（见图4-91）。

图 4-84

图 4-85

图 4-86

图 4-87

图 4-88

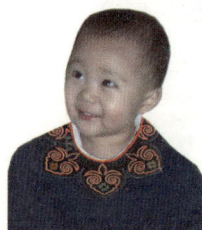

图 4-89

图 4-90

图 4-91

娃娃型

此类围嘴造型特殊，活泼可爱，是艺术性、功能性、童趣性俱全的围嘴，既体现了娃娃幸福的童年，也寄托了人类子孙繁衍、人丁昌盛的寓意。娃娃抱猫围嘴（见图4-92）将人物特征夸大，把人物和动物"复合成一统"，平添了几分和谐气氛。抱臂蜷腿娃娃围嘴（见图4-93）戴在身上，似乎是一个娃娃用臂抱住这个孩子，呈现传统的"一团和气"图样。举手抬脚娃娃围嘴（见图4-94）上身绣五毒中壁虎和蝎子，下面裤腿左右各是一男一女两个玩童，传递了民间中的"护子"习俗。娃娃穿的上衫蓝布与下裳紫布一起使用，即"拦（住）子（嗣）"，寓意"长命百岁"的美好祝福。

图 4-92   图 4-93   图 4-94

动物型

母亲选择的动物类型多以狮、虎为主，其他纹样有龙、凤、蛙、鱼等。这些动物造型皆憨萌可亲，把大自然中的人类和动物融为一体，既和谐又造福于人类。如图4-95是绿色青蛙造型的围嘴，蛙身枝茂叶盛，四足生花，还绣有两只凤凰和两头老虎。既有虎镇五毒之意，又期望整个家庭"凤飞虎跃"其乐融融。图4-96是"双龙夺喜蛛"扇形围嘴，寓意喜事多多。图 4-97 为"鲤鱼跳龙门"方形围嘴，祈盼孩子长大成才。

　　中国民间一直把老虎看作是儿童的保护神，围嘴中老虎造型更是别出心裁。图 4-98 围嘴将老虎的外形进行简化变形，既增大了围嘴的有效面积，又不减老虎的勇猛威武特征。图 4-99 围嘴的老虎力求形象生动逼真，神形兼备，表现老虎强大的生命力，期望孩子长得虎头虎脑、健壮可爱。图 4-100 围嘴采用前部老虎，后部花卉混搭的设计方式，把虎威和花美柔和在一起，使老虎形象更加人性化、生活化。图 4-101 围嘴主要是强调老虎"虎视眈眈"之势，虎眼安放在围嘴的几何中心，突出了两只虎眼的视觉冲击，显示出横扫一切妖魔鬼怪的气势。图 4-102 方形围嘴的老虎形象采用了拟人化，好似一个憨厚的老人家。虎脸两边的绿色枝叶，使虎的形象既威武又可爱，增强了儿童的亲和感。

图 4-95　　　　　　图 4-96　　　　　　图 4-97　　　　　　图 4-98

图 4-99　　　　　　图 4-100　　　　　　图 4-101　　　　　　图 4-102

一体型

由于稍大一点的孩童贪玩调皮，外衣极易磨损，为加强围嘴对外衣的保护功能，加在外面的围嘴面积也由胸口部位加长，好像一块前身片（见图 4–103）。这种围嘴的造型突破了传统形式，犹如围嘴与肚兜两者合二为一（见图 4–104）。由于该围嘴是与前片衣身成一体的形制，俗称"一体型"。一体型的最大特点是围嘴前半部分加长加宽，相当一片前身（见图 4–105）。其功能也同样兼顾了围嘴和肚兜的两种功能。不仅增加了围嘴的牢固度，也扩大了外衣保护的面积。为了方便穿脱，后来在围嘴上部增加两个圈口（见图 4–106），以便套在肩上不易脱落，更适宜玩耍好动的童年时代。这种一体型围嘴后来逐步发展成为幼儿园内的统一着装（见图 4–107）。

图 4-103

图 4-104

图 4-105

图 4-106

图 4-107

第四节　儿童传统索牌

图 4-108

儿童"索牌"是婴幼儿挂在脖子下的一种装饰物，是专门用来为孩子消灾避邪求平安的（见图 4-108）。其制作材料是女红中常见的绸缎、彩色丝线和裌褙，其装饰手法也是女红中惯用的刺绣、贴布和堆锦。其绣纹图案以八卦、老虎、锁头为主。

索牌是儿童服饰中唯一没有防寒保暖、护体护衣实用功能的饰物，但索牌却能借助神灵的力量来驱除妖魔，为孩子消灾保平安。所以又称"平安牌或护身牌"。"索牌"顾名思义是由我国古代的"五色索"发展演变而来的牌牌。"五色索"又称"五彩丝""长命索""朱索"等等。据说"五色索"可以驱瘟疫、避邪气。把五种色彩鲜明的线搓成很细的绳子，就像彩色的细麻花，作环状系于颈脖、手腕和脚脖用以辟邪。汉代就有很多关于端午节系五色索辟邪的记载。《续汉书·礼仪志》记载汉代风俗曰："五月五日，朱索、五色柳、桃印为门户饰，以止恶气。"东汉《风俗通》曰："五月五日，以五彩丝系臂者，辟兵及鬼，令人不病瘟。"后来成为五月端午的一大习俗。当天早洗漱完毕后，人们把五色索缠于手腕或精编成五彩长索挂于脖项，称作"五彩丝缕项圈"。在中国传统文化的理念中水、火、木、金、土对应五种颜色和五个空间方位，且总是处于相生相克的"运行"中，故称"五行"。"五色索"包含的五色有"青、赤、白、黑、黄"。这五种颜色，不但代表着五个方位（东、南、西、北、中），关键还代表着五海龙王，其中东海龙王青色，南海龙王赤色，西海龙王白色，北海龙王黑色，中海龙王黄色。龙原本就是中国百姓心中的"百虫之王"，古代中国又认为青龙、白虎、朱雀、玄武等四灵具有祛邪、避灾、祈福的作用，龙

图 4-109

又是中国古代"四灵"老大。所以用"五彩索项圈"佩戴在身上，表示请五海龙王来保护娃娃、为他们驱瘟疫、降害虫。千百年来，人们不断地传承着生命历程的经验，这些习俗传到后世，发展成许多种挂在胸前的香囊类的饰物。如纸箔折成菱角粽子形，再用五彩丝把纸粽子缠成"彩粽"（见图4-109）。在南宋《武林旧事》中可以看出，至少在宋代"五色索项圈"演化为挂在胸前的"避邪香囊"。至此完成了由线状的"五色索"（图4-109的吊穗）到体状的"五色囊"（图4-109的彩粽）的过渡。后来这些袋囊中的"内容物"发生几次较大的变化，从辟虫的中药（药包）到芳香的花草（香囊）再发展为驱邪的灵符（索牌）。清《帝京岁时纪胜》记载到："幼女剪彩叠福，用软帛缉缝老健人、角黍、蒜头、五毒、老虎等式。"说明至少在清代已经有了戴各种形式索牌的风俗习惯。

为了突出"索牌"求长生百岁、保一生平安的功能，母亲们怀着无比虔诚的心情在"索牌"设计上精益求精，在"索牌"上绣"八卦祖师消灾符"——八卦图（见图4-110），"兽中之王"老虎（见图4-111）和长命锁（见图4-112）。

图 4-110

图 4-111

图 4-112

图 4-113

图 4-114

图 4-115

图 4-116

民间相信太极八卦图有驱邪避难的能力。因此八卦图也成为保护小儿平安健康成长的符咒。特别是化解小儿关煞、邪气，把太极八卦图佩戴在孩子身上，帮助娃娃化解关煞，逢凶化吉。图4-113中的八卦索牌运用三个层次来消灾去邪：当中是阴阳鱼的太极消灾符，里圈是由八卦象（乾、坤、震、巽、坎、离、艮、兑）环绕，最外圈是道家"通神明之德"的暗八仙护卫儿童，体现着道教文化与周易文化间的交融，具有浓厚的神秘文化色彩。

能够驱除邪魔的兽中之王老虎（见图4-114），是被民间请来护卫儿童的"瑞兽"。威震八方的老虎可以护住孩子让邪气不能近身。特别是婴幼儿胆小易受惊，佩戴虎头索牌后能达到壮胆、辟邪、消除夭折鬼的目的。图4-115的虎头索牌先系在五色项圈上，再挂在孩子的脖子上，用辟祸的五色项圈和镇邪的老虎两种力量，把孩子围护起来。图4-116的索牌中间主体图案是太极护身符及八卦图，而索牌外轮廓又是虎头形。这种把趋利避灾的八卦和镇恶辟邪的老虎结合起来，双重力量护卫孩子的创意，表达了母亲对子女的深切爱心。

图4-117是一个蛙形的索牌，这个护身符为强化镇祟辟邪的功能，镶嵌了反光的圆形小镜片，

借用闪亮的魔镜吓走试图接近小孩的恶灵。蛙又是人类祖先"女娲"的象征，在此也借用祖宗的灵性来驱魔求平安。中国民间自古就有悬镜以避邪之习俗。在专记载唐代风土人情的《唐国史补》一书中记载了在唐代为了辟邪之用，专门于五月五日午时于扬州扬子江心铸铜镜，以进贡皇帝，称为"天子镜"。所以后世习以为俗挂镜驱邪。如在泰山一带，习惯给小孩的胸前戴一块护心镜式的索牌，保护孩子不受病灾邪魔的侵害。温州瑞安地区有给孩子胸前配系"五毒索"的习俗，即以红线制成盘形，绣"五毒"图案在其上，可以辟毒和治毒。图4-118是"鱼形"索牌，大多是幼婴儿所戴。因为婴儿纤弱，需要时刻保护。民间认为鱼是不会闭眼的，只有它能日夜护卫新生命。

图 4-117

图 4-118

图 4-119 是由上面的荷花叶与下面的荷花瓣组成的"长命富贵"索牌。索牌中间"天人合一"四个汉字叠加的图案寄托了长辈期望孩子依天命回归大道，达到人与自然的和谐。父母为了孩子能祛邪避灾，达到"天人合一"的境界，经常把为世人提供天地运行、四季时空的"历书"缝在索牌里，期盼孩子将来能顺应天意、光宗耀祖。图4-120为一本超微缩历书，是笔者在浙闽接壤地区收集索牌时偶遇的。当时觅到一件刺绣破损、

图 4-119

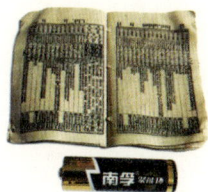

图 4-120

图 4-121

图 4-122

外表不堪的索牌，只因价格超低而购买。后来发现索牌里面有一本仅仅 7 厘米 ×5.5 厘米大小的微刻印版历书，其中字体尺寸只有 1 毫米。因为历书是指导人们日常如何趋吉避凶的通俗读本，所以被世人当成是避邪去煞的圣物放在索牌里。唐朝文学家、哲学家刘禹锡记载：大唐时期，历书曾被皇帝作为驱灾呈祥的珍物赐予大臣以示恩宠。笔者在"文革"时期也收藏了"忠"字索牌（见图 4-121），此类索牌虽然是儿童佩戴，却反映出了那个时代的特征。图 4-122"忠"字索牌的向日葵花又称朝阳花，是紧跟太阳（毛主席）的花朵。因三人为众，所以三朵向日葵寓意人民大众忠于毛主席。

第五节　儿童传统鞋饰

　　"千里之行，始于足下"，出自春秋末老子所著《老子》六十四章，用来比喻任何事情都要从第一步做起，成功都是由小到大逐步积累的，童鞋就是从幼年学步开始一直用到成年的足衣。童鞋是保护儿童脚部、便于学习行走和跑跳而穿用的足装，同时具有民俗功能和装饰功能。虽然童鞋只是童装中的一小部分，但其作用非同小可。中国母亲把童鞋视作家庭与孩童密切相关的情感纽带，童鞋以其独特的刺绣图案与立体装饰诠释了传统的育儿习俗。"凡鞋必有饰，有饰必有吉。"民间童鞋的装饰普遍具有"趋吉求祥"的文化内涵。民间传统童鞋的价值不局限于穿着功能，更多的是用来体现民俗文化，展现女红的工艺技巧与求吉趋祥的育儿心理。

　　中国童鞋以其独特的图案与立体修饰反映了中国长辈们的育儿习俗。心灵手巧的母亲们竭尽聪明才智，运用补花、剪贴、刺绣等精巧工艺，配以抽缝、绲边、粘毛等装饰手法，赋予童鞋可亲可爱、具有灵性的造型。民间童鞋纹样主要来源于大自然，分为动物和植物两大类，其中兽类纹样多用于男童，而花果纹样的鞋多用于女孩子。一双双千姿百态的民间童鞋，无论是兽头形体还是花果造型，其风格憨厚纯朴、姹紫嫣红，其造型夸张风趣、花团锦簇。

　　在中国民间，儿童穿用带有动物形象的童鞋习俗由来已久，民间的信仰认为穿兽头鞋能帮助孩子消灾求生，避邪趋吉，健康成才。由于旧时生活贫穷，幼儿的年龄越小，死亡率越高，母亲的第一心愿是企盼孩子能活下来，所以母亲在兽头童鞋上表达的第一个寓意就是童鞋上有"眼睛"，（见图4-123）可

图 4-123

图 4-124

以使邪魔畏惧，并能混淆邪魔的视线，还可以帮助婴儿逃脱病灾厄运。中原地区民俗认为小孩穿的第一双鞋一定要有鼻子和眼（见图 4-124），这样"走路不瞎端，鬼祟不沾脚"。当然童鞋上边的"眼睛"，还可以引导小孩认路识途，不致有所"磕碰"，并据此引申到小孩长大后，在人生道路上不致"跌跤"（保平安）。温州一带的民间服饰民俗，普遍认为动物造型的童鞋具有辟邪驱魔的神功。当地的"兽头鞋"有"虎头鞋""兔儿鞋""猫头鞋""狗头鞋"等。这些动物也被民间认为是生命力强的动物，孩子穿上这种鞋，就能像这些动物一样容易养活、繁衍旺盛。其中，"虎头鞋"被认为是最接地气的童鞋。

虽然娃娃穿兽头鞋的意愿都是祈盼避邪降恶顺利长大，但各地习俗理念有所不同，民俗大都认为童鞋上的动物是自然界中生命力超强的生物，如老虎鞋，虎视眈眈，势不可当。猫头鞋，吹胡瞪眼，跃跃欲试。猪头鞋，肥耳大眼，活力相当。长辈期望子孙和这些动物一样繁衍旺盛，好养易活。不仅希望孩子活下来，更期盼孩子如同这些生灵一样生龙活虎健康成长。

有的地方穿兽头鞋的习俗是装扮"贱儿"的方法来躲避邪魔恶鬼。让孩子穿猪头鞋、猫头鞋，相当于有猪、猫一样的"低贱儿"身份，可以骗走摄魂的鬼怪魍魉。民间谚语常说"小子穿三年猪，阎王爷看了哭；闺女穿三年猫，阎王爷见了嚎。"民间还有的歌谣说："先穿猪（头鞋），后穿猫（头鞋），气得老婆子摸不着。"老婆子指送子奶奶，也就是说穿猪头鞋和猫头鞋，送子奶奶就不会把这个猪、猫般的"贱

图 4-125

图 4-126

图 4-127

图 4-128

图 4-129

孩子"再送给别人家了。有的母亲为了一次性解决穿猪头鞋和猫头鞋的问题，采用了合而为一的办法。即鞋面上绣上猪头，而在鞋底上绣上猫头。（见图 4-125）这样一双鞋上又有猪又有猫，更是贱上加贱。民间也有穿狗儿鞋来扮作"贱孩子"的（见图 4-126）。

此外民间还用一种"阴阳不分"的兽头鞋来欺骗、隐瞒鬼魅的。对童鞋来说所谓"阴阳不分"就是鞋底和鞋面不分。制法是用一块深色布料，或黑或蓝，确定鞋底的大小后，把鞋底四周布料折翻起来当鞋面而缝成的鞋（见图 4-127），再在鞋头鞋身上装饰兽头。这样做的鞋底和鞋面是上下一体不分的。山东一带最常见的"小绑鞋"（见图 4-128），其鞋底、鞋帮就是用同一块紫布或蓝布做成，似乎是用一块布将孩子脚"绑"起来。"小绑鞋"取义"绑住孩子，鬼拉不去，好养活"。由于这种上下不分的"小绑鞋"迷惑了阴间的鬼魅，不再把孩子拖回到阴间，孩子的命就保住了。有的地方称这种鞋为"阎王小鬼都不要的鞋"。有时还用一块布补缝在"小绑鞋"的鞋头上，鞋底再贴猫蹄花。鞋后跟钉上带子，穿时绑在小孩脚脖子。

兽头鞋中动物的生命力给予了孩子顽强的活力，民间又有了新的担忧。动物是活动的，会移走的，一不小心孩子有可能被拐"跑路"了。为此母亲在兽头鞋的鞋底中间设计了一个"根"来拴住娃娃。这种"生根鞋"实际上是在鞋底上留了一簇纳底的线头（见图 4-129），表示让孩子的根永远扎在自己家里。目的是"扎下幼根，长成大树"，所以又称这种鞋为"扎根鞋"。这种鞋扎根的最终目的不仅仅是扎下根，防止被凶神恶煞拖回阴间，更重要的是期盼"根深蒂固，开花结果"，长大成栋梁之才。

兽鞋中以虎头鞋居多，也叫老虎鞋。在民间，把虎头鞋看成是孩子的吉祥物。借虎的阳刚之气和威武，成为驱邪、祈福、延寿的民间儿童保护神。在江苏盐阜地区，老虎鞋有着深厚的民间民俗基础。成为最普遍的民间艺术，是江苏省的第一批省级非物质文化遗产名录项目。当地老虎鞋的传说和穿老虎鞋的习俗在民间世代相传。据说宋代民族英雄岳飞因为小时候最喜欢穿母亲做的家乡老虎鞋，长大后誓死保家卫国永不忘国耻；明太祖朱元璋之所以能推翻元朝统治，恢复大汉民族的政权。是因为他一出生就穿着仙人赐予的中原老虎鞋。至今，盐阜地区城乡仍保留着给小孩穿老虎鞋的习俗。

穿第一双虎头鞋的时间，也是越早越好。母辈们希望百兽之王能早一天为自己的孩子镇崇辟邪、保佑平安。关于初生婴儿要喝三黄汤、穿虎头鞋的习俗，还有个民间传说。

一天，有个猎户家的女婴病了，刚好一个带着孩子的老妇过路借宿。老妇听了猎嫂的诉说，便给她一包三黄药丹。婴儿灌下药丹后竟睁开了眼睛。第二天，老妇人与孩子都不见了，只留下一双虎头鞋和一纸帛书，上书："婴儿系母体上肉，三黄煎汤解胎毒。虎头鞋子赤足穿，狼虫魑魅不敢簇（聚）。"下面署名"南海普救大士"。猎哥恍然醒悟，原来是观音菩萨下凡，那孩子就是她膝前的红孩儿。从此初生儿都要用三黄来治理胎毒，穿虎头鞋来抵御鬼怪。至今，你若到普陀山或其他观音庙去看，观音菩萨前的红孩儿塑像总是赤着一双脚，据说他穿的虎头鞋当年留在民间了。

在中原一带，至今还保留着姑姑必须做三双虎头鞋给侄儿穿的习俗，穿完这三双鞋孩子基本上"落住生根"了。人们依照孩子成长的规律，把童孩分为三个关键时期，即幼婴期、小童期和大童期。在这三个不同时期，育儿重点也是不同的。在幼婴期，因年龄越小，死亡率越高。鉴于对孩子活的渴望和对死的恐惧，成活率成为生育文化的焦点。所以在幼婴期，母亲最大心愿是企盼孩子能活下来。在小童期，孩子在生长中可能面对各种疾病和灾祸。此阶段驱邪呈祥，养好喂胖是育儿要点。大童期盼望孩子健康强壮，出人头地，使其"成才"是最为首要的目标。民间在这三个时段的育儿心理指导下，约定了孩童穿鞋要遵照"头双蓝，二双红，三双紫"的穿着规则。母亲们应用"谐音民俗"企求孩子康乐成长。"头双蓝"指幼婴穿的第一双虎头鞋的鞋面要用蓝色料子制作，（见图4-130）谐音是要"拦住"孩子的魂灵，不被鬼神拖到阴间，蓝色的虎头鞋成为祈求"成活"的物化表现。"二双红"指在小童期穿的鞋面要用红鞋面（见图4-131），寓意为闯过了幼婴期生死关后，红火喜庆，避邪祛祟，期望孩子健康成长。"三双紫"取意大童期穿紫色鞋（见图4-132），表示孩子已经成功地度过危险期了，"紫"和"子"同音，可

图 4-130

图 4-131

图 4-132

以企盼"子嗣"绵延了。也就是孩子可在自己家里落地生根长大成人了。"手中鞋，慈母心。"长辈们在孩子未降生之前就开始为这三种鞋设计鞋样，制备材料，用银针彩线把"爱心"一针一线地融入童鞋中。

传统虎头鞋的鞋底做法因地而异，形制也各有特色，具备了中国民间艺术的观赏性和审美价值。图4-133虎头鞋的鞋底非常讲究。纳鞋底的针脚都是"九"针一簇，因为"九"是中国古代最大的阳数，九又代表长久和长寿，这九针连在一起的针团必须有11簇，这样孩子的虎头鞋底上的针脚数一共有九十九针，加上当中的卍（万）字，寓意孩子穿上虎头鞋万事如意，活到九十九。图4-134虎头鞋的鞋底另辟新意，老虎的四只虎脚平摊在鞋底的两侧，不但美观，还加宽了鞋底，保护娇嫩的娃娃学步时少跌跤。图4-135的虎头鞋的鞋底绣了一只丽羽丰满的瑞鸟，娃娃穿上虎头鞋后，如虎添翼。学步快，行走如飞。

除了鞋底不同以外，老虎鞋面装饰的风格也不一样。一岁左右孩童穿的虎头鞋常常制成小布靴的款式（见图4-136），靴头似虎头，双目怒睁，两耳耸立，在鞋面上绣出各种花卉，把一个凶猛的形象立刻化为温和的中国特色"卡通"虎。有的在儿童草窝鞋上绷一块虎脸的绣片（见图4-137），有的鞋头贴虎脸，左右鞋帮绣成虎身（见图4-138），有的在后鞋跟加上一条小尾巴，既好看又能当鞋拔（见图4-139）。

民俗中对童鞋穿着顺序除了"先穿猪，后穿猫"，还有"先穿猪，后穿虎"的说法。总之要小儿先穿上猪头鞋，从民俗角度来分析一下先穿猪头鞋的四种原因。

其一是说猪结实肥壮，能吃能睡，吃不挑食，睡不拣窝，生命力旺盛。家长给孩子穿猪头鞋，希望孩子像猪一样"好养活"。

其二是古代先民从猪憨笨埋汰的外表下发现了一种实在的美。这种美不仅是一种造型的趣味，而且内含着一种原始的人生哲理：越是命贱的生物，越具有生命力。古人心甘情愿地用猪的形象装饰自己的孩子，不怕他"命贱"，只愿他获得长命富贵的前途。这也是来自古人的一种朴素的辩证观。

图 4-133

图 4-134

图 4-135

图 4-136

图 4-137

图 4-138

图 4-139

图 4-140

其三，猪是古代农业社会中家庭的重要组成部分，或者可说是成家立业的根本性标志。猪有"乌金"之称，父系氏族公社时猪是财富标志。汉字"家"的结构，就是屋宇下一头猪。"家"字（见图 4-140）是会意字，从宀从豕，宀为房屋，豕为猪。在中国小农经济中有一句"富不离书，穷不离猪"经典格言，即再穷困的人家也要喂几口猪，这是小农经济离不开的一项重要收入。几千年来圈养的经济动物——猪，与人类有着最亲近的感情。让孩子穿上"猪头鞋"，本质上就是把孩子看成家庭中的猪。猪的谐音"住"，长辈期盼孩子"住"下来，尽早成为家庭中固定的一员。

其四是人们为保住孩子脆弱的生命，在"猪头鞋"上采取各种"巫术"吓走邪魔恶鬼，来达到保护孩子的目的。中原地区民间流传的猪头鞋，耳朵下侧必定是一对硕大的眼睛（见图 4-141）。这对眼睛和脸的比例比实际中猪的几乎大了十倍的"巫术眼"，足以震慑恶煞，吓跑索命鬼。长辈也期盼这对大眼睛能死死"盯住"孩子的魂魄，不要被恶魔夺走。图 4-142 "猪头鞋"鼻子上面是眼睛，几乎和耳朵一样大。眉毛设计成绿色，带有血丝的眼白当中为黑眼瞳，瞳中还有一个白眼珠。如此诡秘的猪眼不仅能看住孩子的魂魄，还能看清路不摔跤，回家时认得家门不迷路。除了使用"巫术眼"外，母亲还有一招"巫术"，就是用不同颜色的两种布料制作猪头鞋，称为"阴阳两界鞋"（见图 4-143）。

图 4-141

图 4-142

图 4-143

这种"巫术"是在借用阴阳两色来蒙蔽和麻痹那些凶神恶煞，使它们分不清孩子在阳间还是在阴间，不敢轻易下手。给孩子穿"阴阳两界鞋"的另一个意思是时刻提醒大人，孩子还处在阴阳两个世界的分界线上，还在阴阳两界的转换中，并没有完全脱离阴间，必须随时警惕被召回阴间的危险。

饰有猫头的鞋，始于明崇祯宫中。《古今秘史》记载："明崇祯五六年间，宫眷每绣兽（猫）头于鞋上，以辟不详，呼为猫头鞋。"在民间，猫头鞋一般用蚕茧剪成猫的眼睛和鼻子，打成底样，再上彩色丝线，白线绣眼，黑线绣眸子，红线绣成鼻子，嘴和胡子用紫线，整个猫头鞋形象逼真纤巧精致。

在邯郸广府一带，刚学会走路的孩子都要穿猫头鞋（见图 4-144），据说至少一连要穿破三双，才为圆满，长大后便像猫儿一样机灵，一生都会逢凶化吉，遇难呈祥，步步顺利。当地还有个猫虎争王的故事。很早以

图 4-144

前，猫才是兽中之王，它不但本领高强，而且大公无私。当时的老虎只是个庞然蠢物。老虎一心想当兽王，便拜猫为师，专心学艺。猫把自己蹿、抓、扑、捕等各种本领毫无保留教给了虎。老虎自以为本领高超，趁猫不备猛扑上去就咬。机灵的猫儿下子就爬上树。原来猫留了一手，没有把上树的本领教给老虎。从此，虎只得跑到深山里称王。猫仍旧是兽中之王。猫还以一双在黑夜中特别敏锐的"神眼"，帮助人类捕杀偷吃粮食的老鼠，为人类站岗放哨。所以广府一带家家户户都要孩子穿上"猫头鞋"。

江南水乡，特别是太湖地区，刚学会走路的小孩子也兴穿猫头鞋，并且要连续穿七双才行。传说从前猫是百兽之王，做事大公无私，排十二生肖的时候，将位置让给其他动物，不排自己。至今在十二生肖中没有猫的位置。可是猫在江南水乡比其他十二生肖的动物更受尊崇。因为养蚕制丝是太湖地区的主要产业。鼠为养蚕大敌，蚕农便用刺绣的"蚕猫"（见图4-145）置于蚕室避鼠，可以看见"蚕猫"右爪正逮住一只老鼠。用镇邪物"蚕猫"来驱鼠的民俗也是古代巫术祛邪的一种遗留，而猫头鞋更是起到流动的"蚕猫"的避鼠效果。

图 4-145

图 4-146

图 4-147

　　在五月五端午节，母亲经常给孩子绣一双五毒鞋。民间认为农历五月为毒月，初五又是毒日。五月多灾多难，因此必须采取各种方法来躲灾避祸，传说把五毒即蛇、蜈蚣、蝎子、蜥蜴、癞蛤蟆绣在童鞋上，便可驱邪避灾，保护孩童安全渡过灾难。有时也在虎头鞋的鞋底绣上毒虫，既美化了鞋底，也表现出踩死毒虫的观念。在山东临清一带，每年端午节，流行七岁以下儿童必须穿五毒鞋（见图4-146）。用黄布做鞋帮，在鞋帮处，绣有蝎子、壁虎等"五毒"，传说只有穿了黄色的五毒鞋，才可杀死"五毒"，撵走妖邪。

　　在中国民间认为狮子是"草原之王"，老虎是"山中之王"，狮子老虎平起平坐。有些地区狮虎不分，统称狮虎鞋。一般来说狮头鞋造型比虎头鞋多了一圈长长的鬃毛（见图4-147），鬃毛使狮子更加威武雄伟，含驱邪、祈福、延寿、夺冠之意，也是母亲盼儿财运通达的兽头童鞋。

"公鸡鞋"在民间誉有"鸡头治蛊"的本领，旧时陕西扶风地区，每年正月母亲用花布缝制小布鸡挂在孩子身上，则孩子一年不生病。公鸡不仅会为孩子禳灾避祸，还能让儿童大吉大利、祈福长寿，如百姓所言"鸡吃白菜狗咬鸡，小孩活到一百一"。"公鸡鞋"上的鸡站在石头上（见图4-148），民俗称为"室（石）上大吉（鸡）"，"鸡冠"又谐音"晋官"，望子今后步步高升。

图 4-148

在民间"鱼"代表着生活富裕，充盈，民间也有给儿童穿"鱼儿鞋"的习俗。"鱼儿鞋"意指要让孩子足下有"余"，长年富贵。一对鱼鞋还意寓"双鱼有吉"（见图4-149），长大后富有美满。鄂西北地区都要给孩子穿绣有鱼儿、花草的鞋，以防孩子夭折。传说小孩易夭折是偷生娘娘所为，偷生娘娘就是一个随时都能偷走孩子的水魔。穿上了鱼和花朵装饰的童鞋（见图4-150），孩子就会像鱼儿一样善游，不会溺水身亡，偷生娘娘也就无能为力了。"鱼儿鞋"通常用有光泽的材料一段段地缝在鞋面上作为鱼鳞，用圆布片、毛线在鞋面上贴缝出眼睛，在鞋头缝出鱼嘴，并用毛线做出须子，整个形象生动可爱。

图 4-149

图 4-150

我国民间常穿的童鞋还有"兔子鞋"，意指孩子能像兔子那样活泼健康、温和柔顺。兔子鞋多为夹单鞋。民俗认为穿了兔子鞋跑得快，为的是让孩子躲灾避祸，所以穿夹单鞋，轻便快捷。（图中4-151）为"兔燕鞋"，鞋面为蓝色缎面，每只鞋头上各有一只兔子，燕子头在鞋面伸出与鞋舌相连。兔子和燕子的羽翼都是绣饰，鞋舌和鞋口用滚边装饰，活像一个燕尾。有兔子又有燕子的童鞋，是为了让孩子"快跑似燕"，既能躲灾避难，又能展翅翱翔。天津地区多兴在中秋节给一岁以上，五岁以下的孩子穿兔子鞋。兔儿鞋的制作突出两个支棱的大耳朵和一对红眼睛（见图4-152）。传说，穿了兔头鞋可使小儿腿脚健壮利落，行走敏捷。中原也常用"穿了兔子鞋"比喻跑在前面的人。

　　动物形童鞋还有蝉纹男童鞋，（见图4-153）蝉被民间称为"仙虫"。希望自己孩子犹如蝉一样不吃不喝也能长大，由于蝉只有吸管，没有嘴巴，世人认为它不用吃东西。蝉蜕变后还能飞上天，俗间认为它还能成仙。蝶形童鞋（见图4-154）是女孩子穿的，期望孩子如蝴蝶一般美丽活跃。图4-155是蜘蛛纹童鞋，民俗认为蜘蛛是"喜蛛"，体现了"得子即得喜"的心情。

　　植物类童鞋大都是女孩子穿的，以植物的花卉与果实为主，最典型的是荷花鞋。这是一款专为女童制作的花朵型的夹单鞋，取荷花"出淤泥而不染"之意。制作手法精致、有趣，花样布满了鞋面鞋帮。图4-156的荷花鞋鞋面由两个绣片构成，前面的荷花绣片色调偏暖，后跟处的荷叶绣片色调偏冷。整个鞋子色彩明亮，颜色对比强烈，金线绣将荷花和荷叶的自然纹路表现得十分逼真。图4-157的荷花鞋全部由荷花的花瓣和花叶组成。彩色丝线满绣，色彩斑斓，活泼可爱，犹如一幅水彩画。图 4-158 是一双红色荷花鞋，鞋头是一朵怒放的荷花，中有莲蓬，两边为荷花叶与小花蕾。此外植物类女童鞋还有小儿荷花牡丹靴（见图 4-159），榴开百子鞋（见图 4-160）以及从鞋面到鞋底皆花盛叶茂的女童鞋（见图 4-161）。

图 4-151

图 4-152

图 4-153

图 4-154

图 4-155

图 4-156

图 4-157

图 4-158

图 4-159

图 4-160

图 4-161

第六节　儿童传统耳枕

民间在给新生婴儿过满月或者过"百天"时，盛行祖母或外婆亲手缝制各种式样的耳枕（见图 4-162），赠送给孩子，象征着老人对幼子的关怀和疼爱。而前来贺喜的亲友乡邻，进门后的头件事就是争先恐后地围观、欣赏老人家送给小外孙的耳枕。虽然大家送给孩子的衣裤鞋帽上都有鲜亮的扎花与刺绣，但都无法和婴孩耳枕的艺术性、民俗性相提并论。小小的耳枕能在方寸之间突显女红技艺者的工巧与睿智。每一件别出心裁的小耳枕，无不显示出母辈立体裁剪、拼接工艺的精致妙作；每一个耳枕图案纹样的设计与选择，无不体现出长辈们对婴儿诞辰的祈福和纳吉求祥的心意。

耳枕的发明有个民间传说：唐代的杨贵妃姿质丰艳，通音律善歌舞，为唐代宫廷鲜见的音乐家。杨贵妃为了发展她的音乐才华，特别注重保护自己的两只耳朵。天资聪颖的杨贵妃想出了一种不压耳朵，贴颊舒适的耳枕（见图 4-163）。枕芯采用各种有益健康的名贵中草药，又吩咐绣娘在耳枕上刺绣出精美的吉祥图案。贵妃试后果真耳聪目明、养气安神。便又为皇上制作了一个。皇上用后安然入睡，醒时神清气爽、精神大振。皇上大喜，随为该枕头赐了御名"皇耳枕"。传入民间后，称为"耳枕"，后来演变为婴孩专门使用。

婴孩耳枕与一般枕头的最大区别就在于枕头上有一个别致的孔洞，俗称"耳孔"（见图 4-164）。这是中国古代的一大创造，是先

图 4-162

图 4-163

图 4-164

民们育儿智慧的结晶。从现代科学的优生优育角度看，满月孩子的头骨尚未成型，尤其是婴孩耳骨最为柔软娇嫩。如果用普通枕头侧头睡，那么脑袋正好压迫在耳廓脆骨上，加之婴孩大部分时间在睡眠，长时间的压迫

图 4-165

会导致孩子耳朵平塌、变形。有可能影响孩子成人后的面部美观。空心耳枕（见图4-165）则恰到好处地避免了这个弊端，孩子侧睡时，耳朵正好处于耳枕的空洞里，保证耳廓在不受挤压的状态下自然生长，我们不得不佩服华夏先民追求自然之美的先知先觉。又按传统中医学的理论，人的耳朵就像一个倒置的胎儿，人体的每一个器官和部位在耳朵上都有相应的穴位。耳朵上的上百个穴位，关联着五脏六腑。耳部不受挤压便不会盲目触动这些穴位。保养耳朵，可健康全身。中医还认为，婴儿脱离母体不久，还带着较大的"火气"，而耳朵是人体的七窍之一，不能堵压。若婴儿侧卧时，就可经通过耳枕上面的那个"耳孔"透气。所以长辈们给新生儿送耳枕，就是给孩子送健康，送关爱。

给满月孩子的耳枕，很讲究枕芯内的填充物。西北地区一般是充填荞麦皮（壳）。民间说法是荞麦出产于高寒地带，晶莹透亮、滑溜凉爽，属于清热败火之物，有清目暖脑作用。特别是对新生儿来说，荞麦枕头有低过敏性、耐尘螨的功效。也有的在耳枕里放麸子，即小麦磨成面筛过后剩下的麦皮和碎皮屑，目的是讨个口彩，即"麸子"谐音"福子"。更讲究的人家专门在耳枕的"耳洞"四周填充特殊草药，如白芷、丁香、艾叶、蒲黄等，以达到除秽辟邪、通络活血之目的。从功能上讲，耳枕实现了中草药和儿童服饰的结合，既符合婴儿人体工程学，也适应医疗卫生学的儿童卧具。

图 4-166

图 4-167

图 4-168

图 4-169

耳枕的另一民俗特点，是通过不同的造型艺术和吉祥祈福的图纹满足了人们精神上的需要和心理上的慰藉。婴孩耳枕的外在形式大致分两大类造型：一类是模拟动物造型，另一类是几何长方形。模拟动物型的耳枕造型和绣纹，大都是仿照蛙、鱼、虎、猪的形态和特征。

图 4-166 是陕西农村常给娃娃睡觉使用的蛙形耳枕。这种耳枕不论是在造型上、选材上，还是制作上，都显得十分精巧。它们有拟人化的脸庞，并带有笑意（见图 4-167）。在这精美的耳枕中，蕴含了母亲对孩子的虔诚祝愿，发挥了耳枕的功能性，同时也表现出民间美术中这种"稚拙"艺术的独特魅力。这独特的耳枕不仅仅只是孩子的枕头，它还可以作为玩具供孩子来玩耍。耳枕的实用性与艺术性都统一在母亲对孩子的一片深情之中。

从蛙形耳枕（见图 4-168）的用途和基本功能来看，虽属于物质文化的范畴，是人们为了满足婴孩生活需要而创造出来的日用品，但从耳枕的文化含义来看，又具有精神领域的理念，反映出古老的祈福意识、求子观念等民俗心理。如蛙形耳枕上面布满了五毒符的形象（见图 4-169），表面看是避免孩子被毒虫的邪恶侵袭。

但民间有意识地用五毒表现"祈福"特定意义时，便会输入新的象征意义。如很多地方在"祸福相依"的习俗中，把五毒耳枕取意于五毒精耳枕：将蛙精、蜘蛛精、壁虎精、蛇精、蝎子精合称为"五精"，惹人厌恶的"五毒"转化为受人欢迎的"五精"。把"五精"放在耳枕上面，寓意一觉醒来更有"精、气、神"。人们在绣制五毒耳枕时的感情变了，绣出的五毒小虫子更加精美艳丽（见图4-170），人见人爱了。陕西及西北一带，"蛙"与娃娃的"娃"音同，与女阴娘娘"女娲"的"娲"同音。"蛙"代表了古老的创世女神"女娲"的图腾符号，又与母子、子女、母性相关联。当地民俗就把多籽多产的"蛙"当作生殖文化的代名词，甚至认为蛙形耳枕上的"孔洞"是代表女阴生殖器的象征符号。蛙形耳枕自然地承担了民俗"多了多福"的象征物，具有盼子求子、繁衍旺盛的灵性。图4-171蛙形耳枕的背部匍匐着一个红色小蛙，繁衍多子的意识不言而喻。图4-172耳枕的红色小蛙居然趴在鱼身上，鱼和蛙都暗示着多籽多产。图4-173蛙形耳枕的身上干脆绣上六个戏耍的男孩，多子的愿望一目了然。当然穿着紫色服装的男孩造型耳枕（见图4-174）比蛙形耳枕更直截了当地表达求子（男孩）、盼子（紫）的愿望。

图 4-170

图 4-171

图 4-172

图 4-173

图 4-174

鱼形耳枕是民间常用的造型（见图 4-175）。鱼本身就是民俗中
"洪福"类象征物。表达年年有余、世代延绵和洪福昌盛。因为是儿童
耳枕，所以都采用鲤鱼的形态（见图 4-176），期盼孩子将来能跳龙门，
鱼变龙。民间认为"鱼耳枕"的"孔洞"除了搁置孩子耳朵外，鲤鱼
身上从河里带来的水会从孔洞尽快流走，也便于婴孩哭闹时漏出泪水。

　　图 4-177 虎耳枕和图 4-178 的猪形耳枕是动物界中矛盾的一对，
强悍威武的老虎是食物链的顶端，埋汰丑贱的猪是食物链的末端，但
对婴孩来说却各有贡献。长辈依赖威猛勇武的虎为孩子镇祟避邪。特
别是双头虎（见图 4-179），两头警戒日夜轮值，为孩子保佑安宁。猪
形耳枕正是借用猪"丑、贱"的本色（见图 4-180），天天拥着猪形耳
枕则"近猪者贱"，把婴孩装扮成"贱物"，躲避凶神恶煞唤走孩子的
魂儿，以获平安长寿。

图 4-175

图 4-176

图 4-177

图 4-178

图 4-179

图 4-180

除了模拟动物型外，另一种造型是几何长方形（见图 4-181）。民间长方形耳枕一般是百天婴儿使用的耳枕，耳枕的几何尺寸与婴孩有一定的相关性。耳枕的长度与婴儿的肩部同宽最为适宜，婴儿枕头高度以 3 厘米左右为宜。并根据婴儿发育状况，逐渐调换耳枕的尺寸。如到了周岁的孩子，一昼夜要睡 15 个小时，男孩子平均头围 45.43 厘米，女孩子的平均头围 44.38 厘米。长方形耳枕规格应选 25 厘米 × 45 厘米。高度不超过 3 厘米。长方形耳枕表面不是常见的鼓圆枕形，而是呈平面状。所以在耳枕中间位置留的一通到底的"耳洞"比动物形耳枕的"孔洞"较大。长方形耳枕的全部学问都集中在这个耳洞上。仰卧时婴儿的头骨正好枕在那个圆洞上，后脑勺儿自然可以睡成圆形，侧卧时耳朵刚好全部进这个孔洞里，这样就不会影响耳朵的发育。

长方形耳枕最大的看点是在左右两个侧面的枕顶上的植物花草（见图 4-182）。母辈们极尽能事地大显身手。她们观察乡间的野花香草，绣制出各式各样喜闻乐见的图案。参照各种民间传说，缝制出惟妙惟肖的花果，诸如竹梅满堂（见图 4-183）、富贵花开（见图 4-184）等。

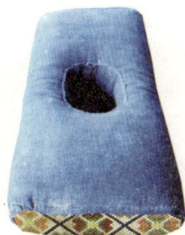

图 4-181

图 4-182

图 4-183

图 4-184

图 4-185

耳枕虽小，但动静颇大，通常是娘家从女儿怀孕时就着手准备小耳枕。外婆家要请本家亲友团中最精于刺绣的女红能手当参谋，先描出构思的花草图案，一般要忙碌个十天半月才能做好。一个小巧玲珑的耳枕，一定程度上代表了娘家刺绣工艺的女红水平。趣味横生的好耳枕，常常被女人们争相传看、模仿制作，甚至传遍十里八乡。耳枕的枕顶花就是通过刺绣的花草符号反映深层的地方文化内涵，大多寓意为财源兴旺、三多吉祥（见图 4-185）、长命百岁。

第七节　儿童传统开裆裤

开裆裤又称"活裆裤"或"无裆裤"，是我国童装中最独特的一类。在开裆裤系列中，相互配饰的童装还有"连脚裤"和"屁股帘儿"。

俗话说："小孩的屁股三把火。"大概是讲孩子露出屁股不怕冷，给儿童裤子无裆找了个理由。实际上开裆裤是为了大人照顾方便，也适应小儿活泼好动、屎尿不宜自理的特点。在没有"尿不湿"的时代，开裆裤是个无奈的办法。一般男孩的前裆开大一点儿，女孩的前裆开小一点儿。至今，西北地区，特别是乡村仍保留着幼儿穿开裆裤的古老习俗。

传统开裆裤一般为两种制式：一种是犹如普通的平脚裤或工装裤，仅仅裤裆是开口的，这是一岁以上自己会走路的孩子穿的（见图4-186）；另一种是在我国有很多地区流行的"连脚裤"，又称"连腿裤"（见图4-187）。不会走路的婴幼儿多穿连脚裤，其形制是裤裆开口，裤子下部腿口处与软鞋底（脚板）一起缀缝住，脚板底也用棉线絎纳。讲究一点的在脚板上做成象征性的童靴（见图4-188），即童装裤子与儿童鞋靴形成一个连体，故称"连腿裤"。

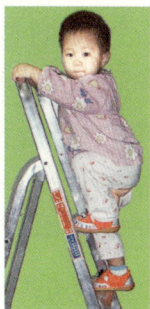
图4-186

图4-187

图4-188

由于幼儿皮肤稚嫩，"连脚裤"皆用软质棉布制成。品种有絮棉（见图4-189）和夹单（见图4-190）两种。有的在"连脚裤"的前面相连一块胸牌。"连脚裤"的穿用一般用背带过双肩交叉系结。在民国时期还出现了一种"土洋结合"连脚裤，即用舶来品洋（羊）毛线手工织成传统的连脚开裆裤形制（见图4-191）。在寒冬季节，连脚棉裤是一种非常实惠的棉童装。连脚棉裤把絮棉前胸片以及后背和下边的两条棉裤腿儿缝制在一起，棉裤的裤腿口与棉鞋缝严，外形犹如有两条腿的棉筒状。冬季出门时，把不会走路的孩子往"连脚棉裤"里一装，小脚直接伸进棉鞋里。上下一体，密不透风，委实暖和。特别适合周岁以内的婴幼儿穿用。在塞北地区，民间还有一种称为"连身俏"的"连脚棉裤"，就是把孩子的棉上衣、棉下裤和袜鞋全都缝在一起。有的还要仿照老虎等动物，后面缀有小尾巴。穿的时候，棉上衣的背后有纽扣系住，脚脖处用布带子捆住，然后再穿上一只塞北特有的宽大的草窝棉鞋（见图4-192）。虽然穿戴时有点麻烦，但特别暖和。既然"连脚裤"下面连着鞋，那么母亲们不会轻易放过这个装饰区域。常见的是在鞋面绣上狗头（见图4-193）、虎头（见图4-194）、狮头（见图4-195），造型很多，这就要看妈妈等长辈的针线手艺如何了。

开裆裤是我国服饰史中"胫衣"形制（见图4-196）的变异形式，后来借以儿童适用的功能延续生存下来。中国的儿童早在殷、周时就有穿胫衣的习俗。早期的"绔"（读kù）不分男女，都只有两只裤管（见图4-197），其形制和后世的裤套相似，无腰无裆，穿时套在胫（腿）上，所以这种"绔"又被称为"胫衣"。汉代的《说文》定义："绔，胫衣也。"无腰无裆的胫衣，实际上还称不上是裤子，更准确地说，是套腿或者腿套。到战国时期，"绔"有了裤腰。如湖北江陵马山

一号战国楚墓的墓主穿的"开裆绵绔"的示意图（见图4-198），虽然
"胫衣"出现了裤裆，但裤子后面的裆口互不相连，臀部基本暴露在外。
可见古代的"胫衣"按款式来分大体有两种：一种是有裤腰的"胫衣"，
在裤腰下面连缀两裤管，裆部是不缝合的，如福州黄昇墓出土南宋女
开裆裤（见图4-199）。这种裤子表面看上去穿着时会裸露下体，但由
于这种裤子腰身宽大，实际穿着时裤腰会在闭合处形成一个很大的交

图 4-189

图 4-190

图 4-191

图 4-192

图 4-193

图 4-194

图 4-195

图 4-196

图 4-197

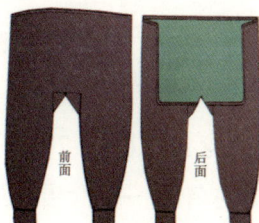

图 4-198

图 4-199

叠区域，图 4-199 的"胫衣"穿后的效果见图 4-200，加之里面已着有上衣前后摆的遮掩，并不存在裸露的问题。同时古代的开裆裤很少单独穿着，通常习惯和有裆的裈（短裤）组合穿着。另一种"胫衣"就是图 4-196 中仅是两条裤管分置且没有裤腰的，使用时利用绳带将其悬挂于有裆裤外面，实物如图 4-201 中黑龙江阿城巨源乡城子村出土的金代齐国"胫衣"。有时也悬挂于外衣腰带上，将外衣下摆塞入裤管的做法。所以也轻易不会走光。我们之所以较难理解历史中开裆裤的存在和运用，是因为我们对于开裆裤的印象建立在婴孩开裆裤的基础之上。比如在唐宋时期的男女老幼，不分尊卑，都穿"开裆裤"，大人的开裆裤里面皆穿"有裆裤"，见图 4-202 中唐代彩绘驯马俑。但是儿童直接穿开裆裤，里面不再穿其他衣饰。如四川唐宋时期大足石刻（见图 4-203），其中孩子只穿一件开裆裤。

旧时，在大冬天穿开裆裤的幼儿并没有介意天气的寒冷，依然在室外尽情地和伙伴们玩耍着。这就要归功于他们腰间系着各自的屁帘儿（见图 4-204）。当孩子还不会走路时穿连脚的开裆裤，会走路后换成普通开裆裤，但有的地区孩子穿开裆裤的年龄长至四五岁（见图 4-205）。为防止小儿穿开裆裤受凉，冬天就在孩子身后围一块布垫，用绳子系在腰中，垂在腰后遮住屁股，俗称屁股帘儿。

屁股帘儿也是童装中特有的，既用来保暖和挡风，同时也方便尿尿和大便，到时候就帮孩子把屁帘儿撩起来，挽在后腰上。屁股帘儿穿着效果如同下身围裙反着穿（见图 4-206）。有的地方给名称不雅的"屁股帘儿"起了一个不俗的名字——抱裙，虽然同样是系到腰上给屁股挡风的，但"抱裙"的谐音是要"抱群"小孩，寓意多子多福。"抱裙"名称不但比"屁股帘儿"高雅得多，还暗指"多生多育"。所以在民间把"屁股帘儿"提升了一个档次，赋予了新的含义，即人们习惯称高档的"拼布式"的"屁股帘儿"为"抱裙"。就是说"抱裙"一般是指各种颜色的布头剪裁拼接做成的"屁股帘儿"（见图4-207）。这样做既凸显了审美意识，又再利用了布头碎料，这大概也包含了"百

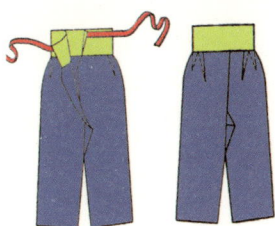

图 4-200

图 4-201

图 4-202

图 4-203

图 4-204

图 4-205

图 4-206

图 4-207

图 4-208　　　　　　图 4-209　　　　　　图 4-210

家衣"的民俗情感。

屁股帘儿大都是奶奶、姥姥给孩子量身订做的，一般屁股帘儿尺寸 40 厘米左右，正方形，上面有棉质垫腰，两端有布质带子。天气凉的时候，给小孩系在腰间保护小屁屁免受凉。屁股帘儿薄厚与所穿开裆裤配套，也视季节而定，冬天为棉的（见图 4-208），春、秋为夹的（见图 4-209）。老百姓还讲究不管有几条屁股帘儿，都必须要有一块高档的拼布屁股帘儿（即抱裙），也享受一下"百家护儿"的意思。

如今的孩子都用尿不湿，冬天在户外活动都有各种保暖衣裳。开裆裤、连脚裤、屁股帘儿早已风光不再。从孩子卫生的角度来看，开裆裤弊多利少。孩子到 3~4 岁还穿开裆裤（见图 4-210），在室外玩耍时不管环境是否干净席地而坐。细菌、寄生虫卵和其他脏污很容易从肛门、阴道、尿道侵入体内。另外生殖器长期外露，也容易养成小儿玩弄生殖器的坏习惯。

第八节　儿童传统襁褓

　　新生婴儿的服饰早在婴儿出生前就由家里的女性成员缝制妥当。其中比较常见的一种育儿民俗用品为襁褓，又可写作"繦緥"，民间也有称"蜡烛包"的（见图4-211）。襁褓在古代中国，上自宫廷下至民间都曾广泛应用。现在人们所理解的襁褓，仅仅是用毯子或被子把婴儿包裹起来。但在古代，襁褓是指包裹婴儿用的布兜和系带两个物件。如西汉著名史学家司马迁在《史记·卫青传》中记载："臣青子在襁褓中，未有勤劳，上幸列地封为三侯。"近人徐珂详细介绍了襁和褓："襁褓始于三代，而今尚有之。襁，幅八寸，长一丈二尺，以负小儿于背，褓，小儿被也，粤妇之保抱小儿辄用之。"襁是以一丈多长的布幅等物做成的布兜或宽带子（见图4-212），用以背负小儿；褓则是约两尺见方小儿的被毯，用以裹覆小儿（见图4-213）。在南北朝时期，中国古代一部按汉字形体分部编排的字书《玉篇·衣部》说："襁褓，负儿衣也。织缕为之，广八寸，长二尺，以负儿于背上也。"也就是说，古代的襁褓即可用于绑住婴儿的身体，宜于婴儿安睡，也可以在出门活动时用于背负婴儿（见图4-214）。随着社会的发展，时代的变化，襁褓原始的合一功能也一分为二了。襁褓专指包裹婴儿的包被。其另一背负婴儿的作用，由背儿带来完成。也就是现在各个民族的母亲还

　　图 4-211　　　　　图 4-212　　　　　　图 4-213　　　　　　图 4-214

在使用的背带，这在下一节专述。

在我国新生儿使用襁褓是极为普遍的育儿习俗。民间通常认为，襁褓除保暖外，也可使婴儿免于惊吓。明代龚廷贤撰著的《寿世保元》卷八提出："（婴儿）初生三五日，宜绑缚令卧，勿竖头抱出，免致惊痫。"中医也认为，绑缚住新生婴儿身体可以让他们感觉更加安心，拥有更好的睡眠。因为襁褓可以阻隔更多的外来刺激，也可以让婴儿受到刺激时很快安静下来。襁褓尤其对早产儿和小于胎龄儿具有更好的安抚效果。现代医学也证明：婴儿在母亲子宫中度过了九个多月，习惯了被羊水包裹的感觉；一旦离开了熟悉的环境，暂时难以适应，缺乏一种安全感。用襁褓把婴儿包裹起来，可以让他重新获得安全感。由于新生儿的身体发育不成熟，神与气皆非常怯弱，特别是神经髓鞘还没有形成，一旦受到外界声音等刺激，会出现惊吓反应，气血紊乱而全身紧张影响发育。如若裹襁褓的话，四肢固定住了，可以阻止惊踢，降低惊跳反射而睡得更安稳些。研究表明，小龄宝宝用襁褓包裹，还会减少宝宝过度哭泣的现象。西方医学界在给 400 名过度哭泣孩子的父母的建议，就要求这些父母在就寝时用襁褓包裹孩子。一周后，所有孩子每天的哭泣时间都减少到 1 小时内。但包裹一定要适度，保持身体的平直与健康。襁褓作为一种多功能的育儿工具，对初生 1~7 周的宝宝最具保护、镇定之效果。此外母乳自然喂养时，因新生宝宝的身体柔软，不会抬头，不方便抱起来。襁褓包裹之后，有利于大人轻易地把宝宝抱起。

在我国，襁褓的应用有着悠久的历史。出土文物告诉我们，早在三千八百年前新疆罗布泊孔雀河古墓沟小儿遗体就被裹在襁褓里（见

图 4–215）。1979 年出土于新疆孔雀河下游古墓沟墓葬中的这个孩子，死亡年龄约在 4~5 岁，现身长 0.88 米。至今最远久、最原始的襁褓是用毛料编织的，一块完整的用粗细、颜色皆不同的毛线编成的织物。古人用襁褓的衣饰来包裹孩子遗体，可能是期望孩子犹如躺在母亲的怀抱里安然入睡吧。但不知是何种巫术，该襁褓用了 16 根木质别针固定。在

图 4-215

图 4-216

1985 年新疆且末县的扎洪鲁克古代墓地，考古队又发现了在一个襁褓中安睡着的婴儿（见图 4–216）。这具婴尸距今约四千年，死亡年龄在 8 个月至 1 岁之间。经测量，婴儿只有 50 厘米长，被细致妥帖地包裹在绛红色面、乳白色里的襁褓里。毛织物襁褓厚实而松软，红蓝两色的毛绳从肩膀到胸部再到腿部交叉缠绕捆紧。头戴蓝色羊毛帽，边缘饰有红色镶边。该出土的襁褓从安葬形态来看，比图 4–215 中的襁褓的形态更接近现代。襁褓的材料更加厚密与绵软，色彩更加饱满与艳丽。令人费解的是婴儿的鼻孔塞有红色毛线球，双眼均盖有长 3 厘米、宽 2 厘米的小石片，这可能是一种原始宗教信仰的残迹，抑或如汉代皇帝和高级贵族死后的金缕玉衣一样来保护灵魂免遭散逸。

在中国服饰史中，有文字具体记载并见诸史册的襁褓是在先秦时期。如战国时期著名哲学家、思想家列子的《列子·天瑞》中载有孔子游泰山，偶遇春秋时隐士荣启期的故事，其中有句为"人生有不见日月，不免襁褓者，吾既已行年九十矣，是三乐也"。荣启期对孔子表示"人生三乐"中就有享襁褓之乐，而避夭折。对此唐代学者尹知

章注："襁褓之婴孩无得伤损也。"目前所见最早的襁褓图画造像出现在唐代。传为吴道子的《送子天王图》（见图 4-217），描绘的是佛祖释迦牟尼降生后，其父净饭王抱着他去朝拜大自在天神庙时，诸神向他礼拜的故事。在画面的后段，净饭王怀抱的婴儿（释迦牟尼）即是一清晰而完备的襁褓形象（见图 4-218）。尽管表现的是佛教题材，但人物相貌和服饰已经本土汉化，所以，这一襁褓造型当是唐代育儿风俗的典型再现。在我国最早的陶质襁褓婴儿也出现在唐代。陕西西安东郊的韩森寨唐代墓葬出土一件仅长 10.7 厘米的模制襁褓婴儿（见图 4-219）。该襁褓中的婴儿头戴虎头帽，脸庞丰圆，项戴饰圈，微闭双眼，体外裹着襁褓，由肩至脚系有三条布带打蝴蝶结（也称哑铃结）。图 4-218 与图 4-219 中两例唐代襁褓形象，虽然一为图像，一为陶俑，然而襁褓的形式却基本一致。进入宋代，无论是社会上的传世品还是考古发掘出土的襁褓形象陡然增多，襁褓在继承唐代式样之上又有所变化，主要表现在襁褓上面装饰的精美花纹。隋唐大运河宿州段的红陶襁褓像（见图 4-220），不仅衣褶清晰可见，而且在包裹腿脚的部位刻画出类似花叶或云朵状的纹饰，正如宋代王安石在《次韵酬宋六首·其六》中描述的那样："衣冠偶坐论经术，襁褓当时刺绣文。"另现藏于陕西历史博物馆的襁褓塑像（见图 4-221），即出土于西安西大街的宋代襁褓，其上面的图纹也很丰富。1989 年河北邯郸峰峰矿区发掘了一座金代泰和二年（1202）的墓葬，出土红绿彩襁褓俑（见图 4-222）。该俑为男婴，颈佩金黄色如意形项饰，右手握拳，左手置于腹部，前身腰腹部系有黄、褐、绿色三条宽带，在腹前结成蝴蝶结，另在膝下亦有一蝴蝶结。这一襁褓的形体长达 33 厘米，而从图像学的角度来看，束着蝴蝶结的襁褓无疑是以一种典型的装扮来标志"多子"和寓意新生命。到了明清时期，民间襁褓的形象愈加普遍，装饰性更强。如明代以烧制白瓷而著称的德化窑出品的襁褓瓷像（见图 4-223），以及清代的提花陶瓷襁褓和青花瓷襁褓（见图 4-224、225）。从清代到民国时期的襁褓逐步简练，往往在襁褓上只有一道绑绳，如丰子恺的民俗画（见图 4-226）。

图 4-217

图 4-218

图 4-219

图 4-220

图 4-221

图 4-222

图 4-223

图 4-224

图 4-225

图 4-226

在近代，西方的母亲已经不再用襁褓来捆绑自己的婴孩了。越来越多的研究表明：包襁褓的行为可能带来很大的负面影响。特别是在中国很多地区刻意将襁褓变成拉直紧压婴孩双腿的工具。中国北方的育儿习俗习惯把宝宝裹成一个严严实实的"蜡烛包"。也就是头固定在一定的位置，将其小胳膊、小腿统统拉直，两臂放在身子旁边，然后紧紧包裹住，手脚不能挪动。据传可防止宝宝出现罗圈腿，然而，这么做并不科学，且危害不小：其一，包裹过紧，影响宝宝肺部以及呼吸系统的发育，易引起肺部感染；其二，使腹部受压迫，不利于肠胃蠕动，影响消化功能和食欲；其三，易致使髋关节脱位，影响髋臼发

图 4-227

育。因为当婴儿的两条腿处于外展屈曲体位时，股骨头会更稳固地嵌在髋臼窝中。在这种状态下，会促进髋臼窝的正常发育。正确裹襁褓的原则就是"上紧下松"："上紧"指婴儿的上半身一定要裹紧，这样可以避免婴儿挣脱襁褓，导致毯子或被子覆盖在婴儿嘴巴和鼻子上。"下松"指婴儿下半身要宽松，要保证在襁褓中的婴儿其髋关节能够自由屈曲（见图 4-227），这样才不影响髋关节发育，不会妨碍全身骨骼、肌肉正常发育。

中西方育儿理念的差异，直接影响到对襁褓的认知。在中国的传统文化中，襁褓是老祖宗留下的方便廉价的育儿物品。襁褓内的孩子依照大人的意愿，显得安安静静且规规矩矩。这或许与中国人的含蓄、内敛的个性，以及期盼子孙听话，顺从心理不无关系。而西方人的育儿观，则是从新生儿开始，便给他一个不受束缚、无拘无束的环境，彰显了西方人自主、奔放的个性。中国传统的襁褓在清末民初时期受

到了西方育儿文化的影响。1908 年英国人在北京崇文门内的孝顺胡同建立了"北京妇婴医院"。美国社会经济学者、摄影家西德尼·戴维·甘博于 1917 年拍摄了当时北京妇婴医院婴儿房的实况（见图 4-228）。这里的新生儿完全按照西方的育儿理念，舍弃了中国传统的襁褓，采用了现代的不受束缚的婴儿衣被环境。

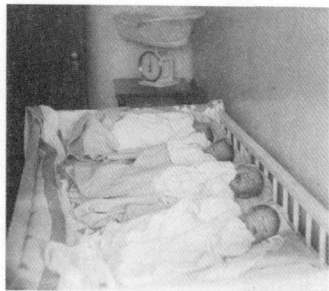

图 4-228

第九节　儿童传统背带

图 4-229

古代"襁褓"中的"襁"，是专指背负婴儿所用的布带，今天我们称之为"背带"。在两千五百年以前的《论语·子路》中曾记载有："四方之民，襁负其子而至矣。"其中的"襁负"便是用背带把小孩兜负在身上的情景。唐代学者张守节在《史记正义》中的诠释："襁，长尺二寸，阔八寸，以约小儿于背；褓，小儿被也。"从襁褓尺寸的描述中可得知，从古代的"襁"演绎成今天的"背带"样式，形制与用法都发生了很大变化。"襁"主要用途是扎住裹好孩子的"褓"，婴孩大都是置于床上或胸前。而后来的"背带"主要是把孩子捆扎在身上，以后背承负重量（见图 4-229）。不过，此种两千多年前的非穿着童装用品发展至今仍然使用，况且生命力极强，在童装史中是罕见的。

背带发展到清末民初，结构相对成型，大致由背带头、背带心、背带手和背带尾四个部位组成（见图 4-230）。"背带头"是背带最上方的一块被巾，可上下翻掀保护孩子头部，用以遮风挡雨、防止小孩晒伤，亦称"背带帽"（见图 4-231）。"背带心"为一块方形的巾被，亦称"背带被"。用于固定儿童身体，是背带的主干，也是背带主要装饰部位（见图 4-232）。"背带手"是两条长长的织带，亦称"背带巾"，是把孩子和妈妈紧密贴合在一起的绑带。"背带尾"是一块长方形的兜布，用来承托孩子的股下，使双腿固定，亦称"背带臀"。鉴于各地区的气候差异和当地民俗民风的不同，在背带发展史上，使用功能一直是第一位的。围绕着实用，背带四个部位有较大的变异：图 4-233 是 1872 年英国摄影师约翰·汤姆逊拍的背带影像，老奶奶背着儿孙显然是累了，靠在一个墩子上直身小憩一下。一百多年前的背带和今天相比相差无几，仅是没有挡风遮雨的"背带头"部分。但老奶奶有备无患，在背带上面又覆盖了一个布单子，下雨时可以用这块单子把孩子的头及背带全遮盖起来。图 4-234 是 1914 年香港的明信片，画面是一个背孩子的广东妇女，可看出这是一个以"背带巾"为主的背带。在广东、广西一带因气候炎热，背带基本不用背带被，直接用一幅宽布带把孩子捆在身上。如图 4-235 中美国摄影家西德尼·戴维于 1917 年拍摄的图像。而在图 4-236 中的小女孩用的背带几乎就是一块简单背带被。背带虽然简陋，但也负担起姐姐的责任。山东、河南一带背孩子用的背带巾有的长达六七尺，做工精细，色彩调和。特别是山东的鲁锦背带（见图 4-237），专机专

图 4-230

图 4-231

图 4-232

图 4-233

图 4-234

图 4-235

图 4-236

图 4-237

织，不仅有实用价值，还是一件民间艺术品。在福建地区，无论是客家人或是原住民的儿童背带，大都由一条长一丈多的背带巾和一块方形的背带被组合而成。天热时，用轻薄的幔被，避免风吹受凉；天冷时，则在背带被里塞入棉絮予以保暖。

　　背带操作程序一般先用背带心护着婴儿背部（见图 4-238），两只背带手从肩上绕往胸前，交叉后（见图 4-239）经腋下绕回婴儿背后，用背带尾从胯下兜起孩子的臀部，再经婴儿胯下，托起小儿臀、腿，（见图 4-240）再绕往母亲胸前打结系于腰间，形成最简单的"软摇篮"。针对不同的背带，操作上有着相应的"机动"。若背带没有"背带头"时，就让孩子戴一顶同样图纹和色彩的童帽来代替"背带头"（见图 4-241）。还有的不单独制作"背带尾"，就把"背带被"加长使用（见图 4-242），或者用"背带巾"替代"背带尾"缠绕在孩子的腿上（见图 4-243）。另外背带巾的长短也各有自己的习惯。有的较宽较长，有的较窄较短，但是两根带子，在母亲的胸前呈十字交叉的互动形式，何时何地都不曾改变。我们先人发明的背带"摇篮"，最大限度地迎合了中国农耕社会的劳动分工和家庭职责（见图 4-244）。农耕经济是中国最艰辛的生存环境，小农经济的生活资料全是"自给自足"，基本依靠家庭主妇自己操劳，中国妇女肩负着养儿育女、纺纱织布、灶头三餐、喂养家畜甚至种菜下地等重担，只有背带才能把她们的双手解放出来，背着孩子完成和维护一个家庭的正常运转。同时农耕经济需求大量的人丁，每个小农家庭都期望多子多育。那么带领弟弟妹妹也成为家中大孩子不可推卸的责任。背带又成为哥哥姐姐照顾幼儿的必要装备（见图 4-245）。以背代抱，既解决孩子手臂力气不足的难题，亦更加安全和牢靠。

图 4-238

图 4-239

图 4-240

图 4-241

图 4-242

图 4-243

图 4-244

图 4-245

　　背带不仅能为劳动妇女腾出双手从事各项劳作，提高效率，最重要的是加强了母与子的联系纽带。背带是童装系列中一件极富情感和温度的物品，不仅充满亲情和族情，也充满泪水与汗水。我们知道，母亲肚子里的婴孩是依赖脐带来获取营养的。血气相连的"脐带"是连接宝宝和妈妈的桥梁。而孩子出生后，母亲对孩子的爱并未中断，取而代之的就是联结亲子血脉的"背带"。天地间最无私的爱，通过这条背带毫无保留地传递给孩子。紧贴母亲胸膛、脊梁的"背带"，传递着母亲的爱心、气味和体温。联系母子亲情的"背带"犹如是母子生命线"脐带"的体外延长，所以民间的背带习俗与禁忌，也来源于母亲的十月怀胎。比如孕妇不可以将背带的带子搭在脖子上，意为防止胎中的脐带绕住婴儿的脖子。孕妇是不能随便坐在背带上的，唯恐压住脐带，挤伤胎儿。若妇女怀孕时，手中正在做的背带还来不及组装好，必须停下来，一切要等小孩诞生后，才能将背带被和左右两边的背带巾缝在一起。俗间认为孕妇在怀胎时缝接背带被和背带巾，则孕妇肚中的娃娃将会夭折。

图 4-246

图 4-247

"一条背带连族根"，延续了千年的"背带文化"蕴含着丰富的血脉情感。这种包裹新生儿的服饰物品，被家族视为具有和娘胎相等的传宗接代的意义。背带犹如本族的子嗣，所以在浓浓母爱的倾注下，背带被装饰得无比精致、美丽（见图 4-246）。以织、绣、染、镶、绲极为精细复杂的工艺精心制作。从图案设计到装饰技艺，从色彩搭配到造型艺术，层层浸透了厚厚的母爱。她们把对孩子的期望也都融入背带中。

图 4-248

图 4-249

图 4-247 的背带上"龙凤吉祥"图纹和文字，对儿子和女儿都是最大的祝福，图 4-248 背带上的鲤鱼跳龙门纹样是对儿子长大成才的祈盼。图 4-249 背带是专门给女孩子用的，犹如凤凰在芙蓉花丛中华丽富贵。在背带的盈尺之中，彰显了母亲从少女时代开始练就的剪纸、刺绣、编带、织花等精湛的闺房秘籍和女红技艺。

每一个家庭都把养育孩子的背带视作"自家人"一般，永远是母辈们与子女休戚相关的生命纽带。比如在背带的众多民俗中，有一条不成文的俗规：一个家庭中，若小孩不幸夭折，其使用过的背带必须销毁掉，把隐藏在背带中的病魔妖惑赶尽杀绝，绝不能在下一个孩子出生后再度使用。如若儿女顺利养大，这条背带便附上了"家族的神灵"，在孩子四五岁时要妥善收起，准备为下一个孩子继续"显灵"。当该家庭的孩子们都已长大成人，背带虽然完成了使命，但旧背带与孩子之间的联结仍然存在。使用过的背带绝不能随意丢弃，否则长大的孩子依旧会生病甚至死亡。如果背带已经非常破旧，父母也会"惜之如命"，把磨烂了的背带洗涤干净，仔细收藏起来，成为家庭的奉物。即使不便保存，也只能用火化的方式处理。笔者在乡间发现一件"对花对凤纹"背带（见图4-250），色彩朴实华丽，绣工娴熟缜密，图案饱满精美，当即决定收藏如此完美的背带，却遭到婉言拒绝。原来主人认为背带上有自家孩子的灵魂，把精心保存的背带视作为孩子的"护身符"，不能轻易出让。经再三磨合后，主人把长长的背带巾从接缝处拆开。留下了一大截。并送给我两条新的彩色蜡染布带接续背带巾。从图4-250可以明显看出这段接出来的蜡染布带。主人的孩子虽然很健康，她仍然留下了"原配带子"，等于孩子的魂魄永久留在了父母身边，保障今后孩子身体安详无疾。老人家告诉我，将来孩子长大后结婚生子，还能借助这段"原配带子"祝福新家庭子孙兴旺、绵延不断。

图 4-250

在中国背带发展史上，曾经发生过一次壮观的由黄河、长江流域向西南迁徙的故事。号称中华三祖的炎帝、黄帝与蚩尤在涿鹿大战后，蚩尤统率着生活在黄河中下游和长江中下游一带的九黎部落联盟，开

图 4-251

图 4-252

始了万里大迁徙。在生灵涂炭的战争环境中,苗族母亲为了种族的延续,用背带背负着孩子踏上了漫长的西南迁徙路。迁徙途中母亲紧紧地系好背带,让孩子贴靠在自己的身体,成为身体的一部分。在敌人的追杀中,母亲背着孩子爬山越岭,越长江过沅水,终于在西南大山中生存下来。背带保存了民族繁衍的一线血脉,同时苗族兄弟也把中华背带传递到祖国大西南,从此苗族把背带视为种族繁衍和民族兴旺的"保护神"。苗族妇女擅长在背带上表现吉祥寓意,无论是花、草和鸟、兽等具实纹样,还是天地间尽善尽美的几何抽象元素,无不再现祖先庇佑及原始图腾(见图 4-251)。充满福缘绵长、子孙繁衍的寄寓精神,体现了苗族社会的生育观、审美观和生命价值观。苗族的姑娘们从七八岁起,就一针一线地精心制作背带。正如首批国家级非物质文化遗产《苗族古歌》中说的:"姑姑叫嫂嫂,莫忘带针线,嫂嫂叫姑姑,莫忘带剪花。"大家相互提醒,不要荒闲了背带手艺。背带也成为苗族女红的看点。即使在物资极度匮乏的贫困山区,母亲衣着简朴,却不厌其烦将小孩背带装饰的精益求精(见图 4-252)。在孩子满月时,初为人母的苗女会收到几十件娘家人精心制作的背带。娘家人的背带祝福着生命的延续。每一条背带都饱含着娘家对血脉相连的下一代的爱,代表着苗族祖孙根脉的系结。如果遇到女儿只生女孩而没有男孩时,生过男丁的母辈还会将儿子用过的旧背带,外"借"给怀孕的女儿,希望她如愿产下男丁给亲家传宗接代。不过借出的背带用得再破旧,也一定要归还娘家的。

第十节　儿童传统斗篷

在中国童装史中，有一种只披不穿的室外服装，称之为"斗篷"（见图4-253）。基本形制是对襟无袖、左右不开衩。分长式和短式，有高领、低领和无领三种。斗篷通常是搭在双肩，穿时在颈部或胸前的位置以系带或扣子固定缩紧。领部打褶收小，领部以下散开无纽扣，故上部小下部大，使之包裹住身体，形状如钟（见图4-254）。故俗间又称斗篷为"一口钟"。

图 4-253

由于斗篷是披在身上的，被大多数人误称为"披风"。中华书局出版的《辞海》（1947年版）中"披风"词条为"清时妇女礼服之外套，亦称披风"。民国时期著名作家包天笑曾在《六十年来妆服志》中写道："妇女的礼服，最普通者曰披风。"书中又进一步解译道："（妇女）披风也像男子外套作对襟，长可及膝，有两袖，极博，以蓝缎而绣以五彩或夹金线之花。未嫁的闺女，不得穿披风。"可见披风是有袖服装（见图4-255），况且尚未出嫁的闺女是不能穿的。斗篷与披风最大的区别如下：一、披风有袖，为穿披风，斗篷无袖为披斗篷；二、披风是男女成人用品，斗篷主要是儿童使用；三、披风流行于明清时期，今已消失，而斗篷形成的历史久远，并一直延续到今天，仍旧为时尚童装。

图 4-254

距今约一万年的新石器时代，中国已有贯头

图 4-255

图 4-256   图 4-257   图 4-258   图 4-259   图 4-260

衣、披兽皮等斗篷类服装（见图 4-256）。2004 年在新疆罗布泊的小河墓地考古发掘时，一具只有半米长的船形棺材特别引人注目。打开船棺后，一个硕大的圆鼓鼓的婴儿脑袋露在黄斗篷的外面（见图 4-257），令新疆文物考古研究所的考古人员惊讶的是，3800 年前墓葬的孩子居然披着一件黄色的毛料斗篷（见图 4-258）。一尊母子哺乳的陶俑是两千年前的汉代出土文物（见图 4-259），我们看到在婴儿身上穿着一件带有厚实宽领的斗篷，其形制和当今的斗篷几乎一样。在世界文化遗产、世界八大石窟之一的重庆大足石刻，是唐末、宋初时期摩崖石刻。它题材丰富，反映了中国这一时期的日常社会生活。图 4-260 是一组唐宋时期民俗生活景象，在母亲身旁躺着一个男孩，浑身上下没有穿一件衣服，仅仅披了一件斗篷。这透露了唐宋时期儿童斗篷的一种穿着习俗，既可以充当内衣，也可作为外衣用。到了明代斗篷基本成了儿童外衣。

在中国最具代表性的身穿斗篷的儿童人物非红孩儿莫属。在明代作家吴承恩的小说《西游记》中，描述了一个八岁左右的孩子——红孩儿。他具有三百年的道行和功力，同时也有三百多的岁数，但他的外形永远是个孩子，那么儿童斗篷也就成了他一辈子的着装。今天的导演们依据小说的描述，皆把他的影视形象塑造成一个披挂红斗篷的小男孩。1972年台湾导演吴家骏的电影《孙悟空大战红孩儿》影片里，扮演红孩儿的演员，里穿肚兜外披红斗篷（见图4-261）。把女演员装扮成一个活脱脱男儿童的英俊形象。1986年央视版的电视剧《西游记》中，演员扮演的红孩儿出场时，里面也是一件猩红色的肚兜，外披一件玫红斗篷（见图4-262）。肚兜加斗篷几乎成了当时潇洒孩子的标配。斗篷作为儿童外装的着装方式基本明确了。比如2011年首播的60集张纪中版的《西游记》，演员扮演的红孩儿虽然穿上了盔甲，但外装仍旧是件红斗篷（见图4-263）。为了强调斗篷的外装功能，不但在斗篷上添加了领饰和肩饰，还用补绣与流苏增加了斗篷的外装饰与耐用度（见图4-264）。

在吴承恩的故事中，最后红孩儿被观音菩萨收服，成为观音菩萨的协从—善财童子，做了观音菩萨教化众生的助手。"善财童子"既然是红孩子，那么凡是供奉观音的圣殿里，虔诚的善男信女们同样要奉献给穿肚兜的红孩子（善财童子）一件红斗篷。说明吴承恩虽然写的是故事，但真实反映了当时孩子披斗篷的习俗。图4-265是安徽无为县西九华寺的观音与善财童子，这也印证了佛教在中国传播过程中的本土化现象。

图 4-261

图 4-262

图 4-263

图 4-264

图 4-265

图 4-266

图 4-267

图 4-268

图 4-269

　　清代以后儿童斗篷的装饰越来越趋向繁缛（见图 4-266），装饰手段包括镶、滚、绣、补等工艺，斗篷面料多样化，有呢、绸、纱、绒等新式织物。每年春节快临近时，母亲们忙碌起来，竭力把手中的女红技艺全都施展在孩子的斗篷上。到了大年初一怀抱孩子走街串门时，五颜六色的斗篷成为一道流动的风景线。每每此时，裹在孩子外面的斗篷成了彰显和争当最佳手艺的"斗"篷（见图 4-267）。精美的刺绣，鲜艳的色彩，新颖的款式，奇特的纹样都是每件斗篷"争"奇"斗"艳的"姿色"。特别是斗篷上的帽兜，既是斗篷最显眼的置顶地位，又是发挥母亲睿智的空间。家家把斗篷帽兜做成活灵活现、憨萌喜人的虎头形象（见图 4-268）。母亲们认为老虎是自然界最强悍有力的猛兽，他们以母爱的方式不断地把猛虎人格化、人性化和人情化，让自己的孩子穿上虎头斗篷后既威风神气、惹人注意，又显憨气十足、可亲可爱（见图 4-269）。母亲的双手为我们展现了自殷商绵延至今的虎族图腾崇拜主题。

　　除了斗篷的帽兜外，斗篷主体图纹也在象征性地为下一代子女带去平安健康和幸福的未来。图 4-270 的孩子披着一件拼布贴绣五毒堆锦斗篷。在红色的底布上，用几何形状的色块组成"百家衣"形式。用堆锦的绣法，把蟾蜍、蝎子，青蛇、蜘蛛和壁虎这五种动物的形象立体化了（见图 4-271）。民间乡俗认为如浮雕般对称排列的五毒，可以避诸毒保安康。儿童穿上五毒斗篷，不仅挡风驱寒，还能辟邪祛毒，为孩子带来吉祥、和谐、友爱。一般家庭的五毒斗篷将从幼儿起（见图 4-272），一直陪伴孩子到 6~7 岁，渡过多灾多难的蛊惑之年。图 4-273 是一件很难得的"百家衣"斗篷。斗篷主体由 25 块六边形的绣片组成。这是来自 25 个家庭的绣片，有些绣片上标注了自家的姓名和村名。绣片图案大都为花卉果实，计有荷花、桃花、李花、杏花、石榴花等，果实有寿桃、佛手、莲蓬等。各家送的绣片中无论是枝叶茂盛的花朵或是果实，都是各家的"心理图式"。这种"心理图式"是深植于每个乡村女性内心的共同意愿，是对繁衍后代的各自感悟与理解。斗篷上无论哪种花卉将来都会结果孕育出种子（即籽儿）。"子"与"籽"同音，象征着生命不断延续的美好愿景。各家绣片上的花花朵朵不断地开花结果，就是生命代代繁衍的最好表征。从色彩上看以红、蓝、黄色等为多。在老百姓的百家衣中，最缺的是紫色。送给别人"紫色"犹如把"子"送给别人了。而这块斗篷最上端的显赫位置有一块紫色绣片（见图 4-274），这块绣片估计是本家叔伯家送的，是为同宗同姓亲家送来子嗣。该紫色绣片的图纹是两个小鸡啄白菜，意寓中原一带的乡间俗语"小鸡吃白菜，越吃越有崽"。

图 4-270　　　　图 4-271　　　　图 4-272　　　　图 4-273　　　　图 4-274

令人称奇的是，在陕西一带很多还在闺房中的姑娘就开始潜心准备给未来的孩子做一件花枝招展的斗篷。她们计划第一步是精心制作一块出嫁使用的"红盖头"，第二步是结婚后把自己的新婚盖头改制成孩子的斗篷（见图 4-275）。她们期望当年赤红热烈、旺盛不息的真挚之爱由盖头传递到下一代的身上。她们也企盼着未来的宝贝可以享受自己婚礼喜庆的女红精品。朴实的巧娘们用针与线，执着地传递着对新生命的渴望，突出了婚后家庭生活中"传宗接代"的核心精神。笔者在陕西关中地区寻觅儿童斗篷时，有幸收到一个新婚家庭准备制作斗篷的嫁妆红盖头（见图 4-276）。这块 70 厘米长、70 厘米宽的红绸缎盖头上、绣满了富贵吉祥的牡丹花（见图 4-277）。在中国传统的生育理念中，牡丹花被视为生命化生、子孙繁衍、家族连绵的美好情感。盖头的中间部分是五朵盛开的牡丹花、六个花骨朵儿（花蕾）、五片牡丹叶和若干嫩叶组成的中心花丛，下面左右两边是由三枝牡丹花与叶组合的花丛。盖头上部的正中是两朵花枝，左右两边无枝无花，两边再往下又是两朵花枝。这无枝无花的空白处，正是为以后做斗篷时预留肩部收拢的位置（见图 4-278）。整片盖头的花卉图案设计，以中心向四周辐射、疏密有致，符合盖头使用的审美效果。而花卉排列又呈中轴线对称形式，同样吻合儿童斗篷的民俗格调。一块绣品同时照顾到盖头与斗篷的视觉效果，不愧为用心至极。盖头中共有 20 朵盛开的花朵，祝福着即将到来的婚姻大事。其中 25 朵含苞欲放的花蕾，暗喻了一种延续生命的神秘力量。为了下一代的斗篷而精心设计的婚嫁盖头，充满着祈子、得子的诚意和期盼。同时为了将来改制斗篷时的方便，还特意留下一块 70 厘米长、15 厘米宽的做盖头用的红绸缎料子（见图 4-279 上部），这是为做斗篷的领子而特意备下的。

到了民国时期，斗篷式服装在军队礼服中，在佛教与道教的宗教仪式里发展较快，出现了各种各样的"专业斗篷"（见图 4-280）。特别是民国后期，战火不断，经济萧条，儿童斗篷趋向简约。图 4-281是民国时期典型的儿童短斗篷，长度仅与上衣同长。图 4-282 是民国时期一件女斗篷，全身无绣无纹。米黄色斗篷上仅有对襟边与肩省上红色的细绳边装饰。当时很多家庭置办不起背带，往往还把斗篷当作背带用（见图 4-283）：把斗篷披在小孩身上背到后面，用斗篷的对襟系在胸前，再用一根带子从斗篷下面兜住孩子屁股，在腹部前打结系紧。

图 4-275

图 4-276

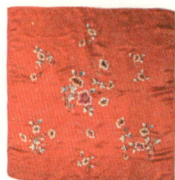
图 4-277

图 4-278

图 4-279

图 4-280

图 4-281

图 4-282

图 4-283

图 4-284　　　　　图 4-285

在中国四川和云南大小凉山一带，彝族孩子穿的斗篷是彝族特有的斗篷式服装（见图 4-284），当地称"擦尔瓦"也叫"瓦拉旁钵"，汉译"木子毡衣""披衫"。这种斗篷与彝族原始游牧生活环境有密切的关系。彝族男女老少都爱穿，终年不离身。百天是斗篷，夜间用它作被盖。不论在家居住，还是野外宿营，均可席地而铺裹篷睡觉，透露出浓郁的民族文化和地域文化的乡土信息。其材料是羊毛绳织成的毛布或直接用毛线编织（见图 4-285）。这也是彝族的传统工艺服饰。1963 年在云南昭通出土的东晋霍承嗣招魂享祀之墓的壁画中，就已描绘了头绾"英雄结"，身披斗篷（擦尔瓦），腰悬佩刀的彝族武士的形象，证明在距今一千六百余年前的东晋时期，居住在今昭通地区的彝族人民就以他们的聪明才智创造了极具实用功能，又极富审美情趣的民族工艺服饰——彝族斗篷。

第五章

综述传统童装的工巧表现

中国传统服饰有鲜明的装饰原创性，儿童服饰更是在民俗文化园地允吸其艺术精华后的结晶。在强调"材美"的前提下，"工巧"也是考验女性长辈的活计。儿童是一个家族的希望，女性长辈寄予在儿童身上的期望无不彰显在为其缝制的每一件服饰品上。母亲借"针线活"表达自己的心声，主观地使服装的装饰语言反映自己的情感寄托。由于儿童的生理与心理不同于成年人，需要满足更多的附加需求，因而童装有其特殊性就显得尤为重要。

　　民间童装艺术富有装饰原创性的特征，女性长辈把最深厚的爱意寄托于孩子身上，从而使得每件儿童服饰品各具姿态、各领风骚。装饰原创性所涉及的题材面非常之广，包含礼俗、宗教、图腾崇拜、吉祥寄寓等诸多方面，所运用的素材也是极其宽泛的，花鸟鱼虫、动植物、人文山水景观、虚拟的吉祥物等等包罗万象。儿童服饰作为母性群体对生存、繁衍、吉盛等祈愿心理的重要表现手法，是历代充满活力的生命整体，童装的每一针每一线都是源自母亲的工巧表现，为孩子的童年带去了无尽的缤纷。母亲的情怀，是伟大的创造力量和智慧的源泉。母亲们为孩子缝制的一针一线，倾注了她们的心血和爱意。

第一节 童装工巧的多样性

民间童装的表达以"工有奇巧"为特征，体现了女性在儿童服饰用品的"十指春风"。女红艺术在各个单项艺术品的造物创造中极富想象力，无论是从构成布局还是装饰手法上来看，无不尽心追求儿童服饰品的生动表现力与灵气，刺绣、串珠、线编、纹缬、绣贴布、贴羽毛、缀毛发、手绘等诸多技艺均为了使每一件童装尽善尽美。

儿童服饰工艺技艺的分类，大致可分为四种。

刺绣工艺

它是中国最古老而又比较普遍易学的女红工艺。在封建社会中，人们常以刺绣的技艺作为衡量女子手巧的标准。因而未出阁的少女们，甚至有的从七八岁时，就开始在祖母和母亲的指导下学习刺绣。因此可以说，刺绣应该是女子学习女红的第一课。刺绣工艺，长期流传在我国民间，它在妇女世代相传下，形成了各地区独具一格的特征。刺绣的针法有平绣、套绣、盘金绣、十字绣、打子绣、割绣等数十种。中国刺绣艺术在表达系统中的价值取向定位在于精细雅洁、富丽多姿，一针一线里饱含浓情厚意。准妈妈们几乎把所有针巧都淋漓尽致地运用在孩子的服饰上，耳枕、索牌、围嘴、童帽、童鞋、肚兜、背带，每一件由母亲缝制的儿童服饰、穿在孩子身上的图案素材都十分惟妙惟肖、充满趣味，把孩子的童年生活点缀得缤纷欢快。

《礼记·考工记》："画绘之事，五彩备，谓之绣。"刺绣前妇女们会先设计"绣样"，即是绣稿图案，亦称"花稿""画稿"，勾画在绣地上的，称"墨样"。绣样不同于绣花样，绣花样是刺绣的一种底样。

拨花工艺

它是将彩色绸缎，拨弄为花、虫、鸟、兽等造型，它颤颤欲动，生机勃勃。拨花工艺可分为硬拨和软拨两种，软拨是直接用绸缎抽缝，多用于蝴蝶、"虎头帽"前额顶之花和叶等。硬拨是剪褙为形，后包绸缎，多用于"狮子滚绣球""菊花"等。拨花工艺多用于童帽顶之上，男帽多有"麒麟送子""相公帽""雪金莲""福禄寿三如意"等。女帽多用"凤凰戏牡丹""秋叶海棠""腊梅报春""蝶恋花"等。其花样之多，可达百顶不重样。

缝贴工艺

顾名思义，是抽缝和补贴的两种工艺结合应用。它是流传在民间的一种比较古老而简单易做且有使用价值的工艺品，它的制作方法是先用彩布缝制出各种造型的外壳，然后内装填充物，如棉花、谷糠、稻皮，或药用的绿豆皮、菊花、灯草及香料等。最后补贴上需要的图案即成。缝贴工艺是由古代妇女做鞋打褙褙之俗演变而来。妇女们把制鞋的手法挪用到缝制的工艺品上，补补贴贴，把图案贴缝在童帽、围嘴、童鞋上，憨拙可爱。

缠织（挑）工艺

它是先用硬纸褙叠成形，然后用彩线缠绕，可出现规则形的装饰图案，有些较复杂的手法，还可缠中带织（挑）则更为细腻美观。这小小的女红工艺，丝线纵横交错，红绿相映，其手法运用的巧妙，充分显示了中国古代妇女的聪明才智和丰富的想象力。同时，也有些吉祥图案，不仅仅含意丰富，而且一幅图案，就是一则富有吉祥寓意的传说故事。

第二节　典型童装的工巧

　　我国地域广阔、民族风俗习惯不同，地方特色浓郁，人们可以任意将自己喜欢的吉祥物结合在一起，创造出丰富多彩的图案纹样，一些夸张、怪异的装饰纹样，任谁看了都会忍俊不禁，但不管儿童服饰纹样如何变化，民间儿童服饰的纹样图案设计与造型设计都应该遵循着一个共同的形象特征，即以自然原形为基础，采用简单、夸张、抽象的形象变形，或写实创造，或形象夸张，或想象创新，随心所欲地塑造即可。也就是说，在对民间儿童服饰进行造型与图案设计时，要做到"不肖形似，但求神似"，用客观存在或想象而来的形象来传递爱与祝福，借动物或植物形象传达出人们的美好心愿与眷恋。

虎头帽技艺

　　虎头帽技艺是传统童帽中最典型的制作工艺。帽体的纸样是极为重要的，关系到儿童戴着是否舒适。款式也是多种多样，根据妇女的想象制作出来的虎头帽无一雷同。先用纸板做出有弧度的帽体，所以要把图前额和后脑位置修出弧度，弧度的大小可以根据头型画出来，成图的样子，帽子外形纸样完成后要裁剪纸片制作虎头的五官。用纸板剪出所需要的形状，如果是用薄纸就要用糨糊黏合出一定厚度的纸板。虎头帽是里外两层面料缝制而成，先缝好后将里子布放到面料布的上面然后缝合，如果是做棉帽，里面还会加入棉花。把装饰根据自己的喜欢勾边缝合，放到虎头帽上缝合，先从老虎的中间部位缝起，缝老虎嘴巴、虎鼻，最重要的是缝制虎头上的王字，缝虎眼、缝耳朵。这样的一个虎头帽子戴在了头上，显得非常有精神，也有一些虎气。在农村的一些老人，也能够利用家里的布料做出来一个漂亮的虎头帽子，给家里的小娃娃们穿戴上。过年串亲戚的时候，小娃娃们戴着虎头帽子，既神气又可爱。

拼布艺术

以"女红"的民间手工形式，通过妇女之手代代传承下来，成为民间普及性极高的一种手工艺术，而百家衣则是其中一个典型代表。拼布艺术并非中国独有，它最早起源于中国北方地区。拼布艺术在中国传统服饰中曾大放异彩，在儿童服饰上的极致运用拼凑出了不同形制的"百家衣"，精巧有趣的拼图造型深得民众喜爱。人们认为婴儿穿百家衣能祝福婴儿长命百岁、祛病免灾。因此婴儿诞生后由产妇的亲友到乡邻中索要五颜六色的小布条，尤其以长寿老人做寿衣的边角为最好，拿回来拼制。

百家衣也作"百衲衣"，中国的民间习俗中，总是喜欢将拼布称为"百衲"。中国佛教文化中的"百衲衣"，则是指僧众身上的"袈裟"，它就是将布先割成一块一块，然后再用针细密地缝缀，也被称为割截衣，是防止这种法衣再被用于他途。

其实，除了僧人的法衣外，僧人穿的褡裢，戴的僧帽，室内装饰用的唐卡等许多佛事物饰都是以"百衲"的形式来制作的。现如今西藏的许多寺庙中，仍保留着众多元明清等朝代的丝绸拼布纺织品"百衲绸片"，它们色泽鲜艳，配色规则而和谐，多用一些方形或三角形的布片缝缀而成，打破了传统佛事用品在用色及形状上的对称形式。

"百衲绸片"也渐渐在民间得到了传承，民间则将一些传统手工技艺如贴绢、堆绫、刺绣等技艺融入到了"百衲绸片"的制作中。唐朝时非常流行将丝与绫等不同的制衣材质，通过叠、堆等手工技艺做成纹案，用于制作"百衲衣"。至后代，如"水田衣"则在明代成为一种流行的"时装"，很得当时民间百姓的欢迎。百家衣与明代的"水田衣"有着异曲同工之处。"麦黄秧碧百家衣，已热犹寒四月时。雨后觅春无一寸，蔷薇花发醉燕脂。"这是宋代杨万里《初夏》诗。"麦黄秧碧"的初夏大地，显示着绚丽色彩，如同穿着"百家衣"一般。

中国儿童所穿的百家衣是一种非常典型的"百衲衣"，它来源于一种民俗传统，即刚出生的婴儿要穿百家衣、吃百家饭托百家的福，这样能够祛病除灾、长命百岁。中国儿童穿百家衣的习俗在中国北方的山东、河南、河北、甘肃、山西、陕西等地区都非常的流行，中国南方有一些地方也流行此习俗。中国儿童百家衣，主要是坎肩、马甲、长袄、背心、短袄、围脖等物品。衣饰以"百衲"的形式缝制而成后，色彩丰富、风格朴实，非常温馨。

中国儿童的百家衣用拼布的形式源远流长，各朝各代都能看到许多儿童百家衣的记述。如宋代《婴戏图》中嬉戏的幼童就有穿着百家衣的，此衣服的形态竟然与民国时期的百家衣非常相似。由此可见，虽然已是千年以后，每一朝每一代的审美各异，但通过这种拼接连缀的拼布形态制作的百家衣，已超越了时间的界限，传递出国人亘古不变的对新生命的祈福，也传承了拼布艺术在传统服饰中的代代相传。

历代相传，近代以后制作"百家"也并非真的来自不同人家的材料，但儿童百家衣总是会尽可能多地选用各种色彩的面料，如一些高饱和度鲜亮的布料。儿童百家衣中常喜欢用红、蓝、绿等颜色，红色是一种辟邪的颜色，被百姓视为可以消灾驱鬼，最为常用。蓝色谐音"拦"，有阻拦鬼怪妖魔不准其收走孩子的寓意。绿色谐音"留"，即留下，是一种吉祥的祝愿。儿童百家衣的用色上，也饱含着对儿童健康成长的美好祝愿。陕西民间端午节给儿童穿的五毒坎肩，则是用彩色布块将"蛇、蝎、蜈蚣、蟾蜍、壁虎"这五毒围绕其间，取寓意"无毒"，寓意辟邪驱灾以毒攻毒。小袄褂式样一般采用带襟右衽式，不用扣子用带儿系。后领口上缀一大红布叠起来的小三角，衣襟下边不缝，这都意味着预防小儿惊吓，是作藏魂之用。那时候的家庭，一件百家衣不是一个孩子穿，而是一个孩子接着一个孩子一直穿，直到破得不能再穿了。这小小的百家衣，积淀了无限的风俗民情，也蕴藏了长辈的爱心与情愫。

"百家被"是中国传统服饰中的拼布文化形态的一种，与其他童装民俗文化同样意在为孩子祈求平安和吉祥而做，因以索要百家布片缝制而成，寓意福祉祥瑞，长命富贵，故名。在缝制时，将百块布片剪成方形或菱形、六角形、长条形等，按不同颜色搭配组合，缝制而成。在婴儿出生后向百家亲友、乡邻索布缝制。女性长辈们为给孩子做百家衣，后来发展为不再挨家挨户地向众乡邻们乞讨碎布片，多是平日积攒的碎布，整理裁剪后再一片儿一片儿地把布缝在一起做成背面。百家被的民俗依然被一些地区流传下来，吃千家饭，穿百衲衣，盖百家被，方能祛病化灾，长命百岁。应此理，关中地区的长辈们为求孩子平安喜乐，故会刻意地将边角碎布剪成菱形、方形等图案，将它们缝衲在一起做成了百纳被。

拼布针法一般和缝衣针法看似并无太大差异，但是在局部的装饰针法上却也有自己的特色。每三针回针，缝一针平针，线迹细致均匀，具有特殊的美感。

拼布艺术有着极高的审美价值，拼布从面料的选择、布片的裁剪、色彩的拼合，都是母亲的工巧技艺与审美天赋高度统一的成果展现。拼布已从废物利用转变为艺术创作，早已超出了实用的日常生活品的内涵，成了一件极具观赏和审美价值的"生活艺术品"。通过拼缝各种各样的布片，并随意结合各种刺绣、编织、钩编等手工艺，可以做手提包、靠垫、挂毯、玩偶等各种各样的装饰品和物品。正因为如此，拼布艺术品受到广泛青睐并成了都市人时尚生活的一部分。

儿童旗袍

旗袍，是中国传统服饰之一。民国旗袍改变了传统的胸、肩、背完全成平直的造型，穿在小女孩身上变得更加称身合体，更显小巧灵动。母亲也会为孩子缝制旗袍，工艺精巧。旗袍制作的传统工艺分为两部分，一部分是缝制，一部分是装饰。缝制的工艺包括绲边、如意（襟）、盘扣、镶嵌工艺，这些工艺是旗袍制作过程中最重要的组成部分，也是传承中不可或缺的。传承基础上的创新装饰的部分包括图案设计、图案布局，这些图案分布在旗袍的袖口、领口以及胸前，起到点睛的作用。儿童的旗袍较妙龄女性的款式少一些，因为儿童生长速度快，为了适应他们的体型变化，大多呈 A 字形，无收腰。款式上区分有短袖、长袖、无袖、七分袖和九分袖。领型大多是传统的立领，在民国时期流行一时的风仙领也对儿童旗袍有所影响，领子高度齐耳。

刮浆工艺。传统的糨糊是用面粉加水制成，使用方便。对裁剪好的衣片四周进行传统的刮浆处理传统的刮浆处理使面料四周不易脱丝，尤其是丝绸面料非常柔软，四周的浆使裁片外沿固定。

镶嵌滚工艺。镶是在衣服边缘加一道边；女服加宽边叫镶，加窄边叫滚。旗袍中的镶嵌滚是指分别在服装边缘附加缝制的三道装饰边，最贴近衣服面料的一道边称作"镶边"，由此向外一层是"嵌边"，最外面一层作"滚边"。儿童旗袍较成年女性的旗袍简约，工序也相对减少，平常人家的儿童多是仅一道滚边为旗袍增添趣味与灵动。

盘花纽工艺。服装附件名称，是我国特有的传统纽扣形式。用色彩鲜艳的绸料编缝成纽袢条后（中间要嵌一根细铜丝，使纽袢条富有弹性），可以任意盘曲成各种花卉、鸟蝶图案，有的还可盘曲成镶色或实心（即用绸料包裹棉花后嵌填在空格中）、空芯的盘花纽。盘花扣的造型灵巧秀致，又富有民族特色。稍微复杂些的花形一般只会在旗袍的衣领处和斜襟处钉缝各一枚，这两处的花形也会有所区别，斜襟处的花扣相较衣领处的要再复杂一些，造型别致又起到画龙点睛的效果，为整件服装提神。

旗袍盘扣大多数是由布料制作而成，分一字扣和盘花扣两大类，一字扣和盘花扣两者的造型在尾部有所不同。一字扣是直接将盘扣的布条，经过几次穿插而完成的扣，尾部呈直线型，儿童旗袍多做一字扣。而盘花扣则除将盘扣的布条穿插完成的直扣以外，在尾部还要做出各种形状，富有很强的装饰色彩。盘花扣的花样很多，寓意深远，有制成文字形的，如"福""禄""寿""喜"等带有祝福、吉祥、祈盼之意；有制成花卉形的，如兰花扣、菊花扣、牡丹扣、梅花扣等等；有制成果子形的，如"石榴扣"表示多子，"桃形扣"在中国民俗中与"仙寿"有关，还有葫芦扣、佛手扣等；有制成动物形的，如蝴蝶扣、凤凰扣、鸳鸯扣等；还有一种琵琶扣，它是把纽头和纽祥都做成琵琶形，这是比较常见的盘扣。盘花扣显示出来的精巧与华贵无不给旗袍带来精巧的魅力。银纽扣也是服装附件。明清时较流行，现蒙族和藏族等袍服上还常见到。通常在衣服上用五颗，亦有多至十三颗。扣子大小不一，大的如葡萄，小的似黄豆。有镂空、蕾丝、点蓝、錾刻、浮雕和镶嵌等多种工艺手法。造型多球形，亦有蝶形、桃形、花形和人形等。内容多吉祥喜庆寓意，企求吉庆、多福、多寿、平安。

传统旗袍都是由相对繁杂的工艺制作，从量体裁衣到手工缝制工时较长。一件传统旗袍的制作过程是耗时的，特别是盘、嵌、镶、绲的传统技艺，不是一朝一夕就可以轻松掌握的，需要反复实践、摸索、练习。可以说，一件精美的儿童旗袍几乎是集合了母亲所有的女红技巧的作品。

民间童鞋

民间童鞋的种类丰富，流行的有虎头鞋、猫头鞋、猪头鞋、兔头鞋、鸡头鞋、狮头鞋、凤头鞋、荷花鞋、菊花鞋、梅花鞋、鱼鞋等，这些童鞋既是穿着用品，也是一种吉祥物，寓意美好，祈求平安，同时又是艺术品可供观赏，且艺术表现形式多样，艺术特色鲜明，艺术价值突出。图形夸张变形。

艺术处理中有一种手法是夸张变形，这一点在民间童鞋身上有所体现。民间童鞋将图形进行夸张处理，让圆的更圆，长的更长，大的更大，目的是突出物体的特点，给人带来一种新奇感。同时，为了使图案更加具有表现力，民间童鞋也采用了变形的手段，改变物体原有的结构，改变正常的外貌，在拉伸、错位中呈现一种更加新奇的图案效果。如童鞋中的虎头鞋，就是省去了老虎身子，保留了老虎脸的突出特点，吸取了传统年画、舞狮中的虎头形象，使老虎头的形象更加可爱、动人。

色彩运用美观。在色彩运用上，民间童鞋偏爱鲜明的色彩，以深蓝色和黑色为底色，配以中国红、绿色等明艳的色彩，迎合喜庆的气氛，突出图案的特征，给人以视觉的美感。

图案形象寓意鲜明。民间童鞋的很多构图都具有寓意和象征，目的是表达感情和思想。如荷花寓意出淤泥而不染；梅花寓意坚强勇敢；凤凰寓意富贵，寄予父母对子女的殷切期望。

制作工艺考究。民间童鞋的制作工艺非常考究繁杂，要制作一双地道的民间童鞋，一般要经历打袼褙、纳鞋底、做鞋帮、绣图案、绱鞋帮，通过剪贴、补花、刺绣、抽缝、滚边、粘毛等，一双精美新奇、形态各异的童鞋就制作完成了。可见，民间童鞋的制作工序的复杂性、繁杂性。

第三节　传统童装工巧的审美特征

我国传统儿童服饰具有考究的工艺，同时也反映出我国传统的审美观和文化风俗习惯。经过了长期的发展，保留下来的传统儿童服饰在款式和结构上，都具有简洁实用的特点，同时在色彩和图案纹路上别具艺术特点。

传统儿童服饰的形制

一是款式造型特征。中国传统儿童服饰的种类繁多，有儿童内衣，即肚兜、裹肚等，这种内衣主要作用是保护儿童腹部免受风寒，穿脱方便，至今很流行。肚兜上绣有花鸟鱼虫等丰富多样的图案。在儿童外衣方面，主要有窄袖袍、半臂对襟短衫、夹衣等，形似成人服饰；童裤分男女，男童为短裤、长裤、开裆裤、背带裤、连脚裤，女童则为裙，开裆裤如厕方便，穿脱简单，在古代非常流行。另外，还有童鞋、童靴、童帽等。围涎也是古代流行的儿童用品，款式多样，既实用又美观，多为一片式或拼接式。儿童斗篷也是古代儿童穿着的服饰之一。造型方面，既有平面的，如肚兜和围涎，也又立体的，如童帽或童鞋，总之造型多样、丰富、有趣。一些如长命锁、手链等的传统儿童装饰品也属于传统儿童服饰的范畴，其设计形状别致，造型精巧，也深受人们喜爱。

二是图案纹饰特征。传统儿童服饰的装饰比成人服饰更加丰富，主要采用织、绣、拼、绘等方式进行制作，图案多取材于花鸟鱼虫、自然景物、汉字符号等，这些图案中赋有美好的祝福和吉祥的寓意。具体来看，这些刺绣纹样主要有动物，包括老虎、狮子、麒麟、猫、猪、十二生肖、鱼、蝙蝠、蟾蜍，这些动物一般象征着勇敢、旺盛的生命力，预示着一种祥和和舒适的生活状态，充满了吉祥安康的色彩，是人们对美好生活向往的体现；有植物，如莲花、梅花、菊花、牡丹花、桃花、葫芦，也有瓜果，如桃子、橘子、柿子、葡萄；还有人物，如孩童、历史人物、神话人物等。另外，一些传统儿童服饰上还绣有文字符号，最常见的如福寿禄、八卦、诗词等，寄托着人们的美好愿望。还有一些服饰是将动物、植物、人物等结合到一起进行构图，如麒麟送子图等，同样是表现祈福或祥瑞。最值得称道的是服饰上面的刺绣工艺，通常是采用各种刺绣方式，制造出各种艺术效果，突出刺绣图案的质感，如采用挽针、打籽针等针法，给人一种图案的立体感，肌理效果极好。一些拼绣的方法，也是儿童服饰图案的常用绣法，装饰性比较强，给人以不同的审美感受。

三是色彩的运用。传统儿童服饰在色彩运用上也别具特色，主要以色彩鲜明、靓丽、丰富多样、审美性强为特点。鲜艳的色彩尤其有利于儿童视觉的发育。中国传统有"黑、赤、青、白、黄"五种颜色，成为"五行色"，这五种颜色在中国传统儿童服饰中运用也较多，特别是红色、蓝色、紫色的运用最多，各种颜色搭配，视觉冲击力很强，颜色有深有浅，有轻有重，营造一种多层次的喜庆或雅致的审美感觉。虽然儿童服饰的颜色比较多，但是却不会给人一种杂乱的感觉，色彩的搭配是有序的，合理的，清晰的，多而不乱的。这些颜色的运用，不仅大人喜欢，儿童也很喜欢。

四是材质面料。中国传统儿童服饰的材质面料选择多样，有棉质、丝绸、麻等。在古代，受传统文化和社会阶级地位的影响，富贵人家的孩子多着丝绸，平民百姓着麻。另外，婴儿多着棉布服饰，寓意从小节俭，长大后生活无忧。这种面料婴儿穿着也较舒服。

传统儿童服饰的审美特征

传统儿童服饰审美特征鲜明，一方面传统儿童服饰因为工艺精美，具有极强的艺术表现力，另一方面传统儿童服饰承载着深厚的文化内涵，所以，传统儿童服饰具有艺术审美特征和文化审美特征两方面的审美价值。

一是艺术审美特征。中国传统儿童服饰款式造型丰富多样，在考虑儿童生理特点和生活需求的基础上进行了实用性的设计，平面造型精美，立体造型别致，给人以视觉的美感。在图案表现上，有栩栩如生的、憨态可掬的吉祥猪，有威武勇猛、双目圆睁的小老虎，有鲜艳明艳、形态各异的花鸟鱼虫。这些图案运用了夸张和变形的艺术处理手法，如老虎保持了老虎面部的特征，突出了眼睛和胡子，以及额头上的"王"字，形态可爱又威武。又如童鞋中，猪的图案，特别突出猪耳朵，将猪耳朵用拼接的形式缝制在童鞋上，给人以立体的造型，整体上逼真、可爱、生动活泼；如肚兜上缝制麒麟送子，一幅图中既有孩童，又有麒麟兽，色彩丰富，寓意美好；又如梅花等形象，采用刺绣的方式，纹理起伏清晰，质感好，色彩好，形态好，立体美好。总之，无论是怎样的图案，都突出给人一种美感，或者是祥和自然，或者是雅致美好，或者是喜庆热闹，或者是意味深长，也无论是在色彩上、款式上、造型上、构图上、纹理上都给人一种极强的视觉冲击力，一种视觉美感和艺术审美享受。

二是文化审美特征。中国传统儿童服饰也让中华传统文化体现得淋漓尽致，虽然成人服饰在风俗礼仪上受到了一定限制，但是儿童服饰则不同，因为没有受到太多的限制，而对文化风俗得以更好地体现。儿童服饰的文化特征突出，造型、纹理、色彩都有着较鲜明的文化色彩，一方面体现了地理环境的特征，一方面表现了传统习俗和社会风俗，如儿童礼仪服饰，儿童节日服饰等。儿童服饰的图案色彩方面，也散发着浓浓的传统文化氛围。如，采用了象征和隐喻的方法，如莲花的图案，体现了其"出淤泥而不染的"高洁形象，梅花的图案，体现了不畏严寒的坚韧，隐喻了父辈对子孙品格的殷殷期望。端午节，人们会给孩子围上五毒图案的肚兜等，寓意着以毒攻毒，保护孩童身体康健。传统儿童服饰由于饱含理论丰富的传统文化因子，彰显了我国传统文化魅力，具有深刻的文化审美价值。

　　中国民间童装文化是民间服饰文化的重要组成部分，也是我国非物质文化遗产的一部分。但是，长久以来，随着我国经济不断发展，民间童装的文化氛围逐渐淡化，传统童鞋制作技术也正在失传，而民间童装装饰艺术具有深厚的艺术价值和文化内涵，需要我们从非物质文化遗产保护的视角出发，重新彰显其现代价值，通过对其艺术特质的深入研究，展现其艺术魅力，将传统与现代有机融合，使民间传统的童装装饰技艺得以传承，同时，挖掘民间童鞋的审美功能，走上更广阔的市场。

　　以抽象几何方式造型，起源于原始彩陶艺术，并在后世的民间美术中大量地传承下来，在各个历史时期、各民族各地区均有所体现。除少数民族地区外，汉族地区的民间服饰、日用品装饰上也常常可以看到抽象几何图形，如陕北地区民间妇女们精心缝制的百家衣，百纳幛等，用各种颜色的方形、菱形的碎布拼缝而成，通过几何形状和色彩的拼接，组合出抽象动物、花卉造型等，拼接各具特色，彰显鲜明色调，气氛热烈，洋溢出一种喜气；洛川民间刺绣采用抽象的结构、具象的外形，亦常用几何色块拼合成动物形状，别具一番风味；千阳的五毒背心也是拼接缝制的产物，利用裁衣的边料拼缝出各种几何图形，如太阳、山水、土地、水纹等，在原始彩陶纹修饰中就常采用类似的三角状水纹的图案。原始美术和民间美术中抽象纹样的相似，不能理解为偶然的撞合，它是原始心态与造型观念在民间美术形式中的消化与传承。

抽象几何方式中的动物造型，不同于那些传统意义上装饰花草的动物造型，大多与当地民族风俗、信仰有着密切的关系。植物造型的产生，主要来源于民间对生殖、生命信仰的观念。在民间艺术家的观念中，一切植物都是有生命的，"生命树""莲花生子""葫芦生子""石榴生子"等传统主题纹样系列便是基于此而产生的。这类主题纹样采用剖示视觉方式，运用"拟人化"手法，并具象塑造出植物与人物的"结合体"。还有一些植物造型是利用花卉、果瓜的剖面，透视出植物的花蕊、籽核等部位，诠释植物的生命状态。

中国民间童装艺术可以说是一种工艺化的匠心设计，追求生命的精神，崇尚传神与生动活泼，气韵生动是表达生命动感的关键。服饰艺术品中图腾布局、色彩配置、结构形态、线条纹样等如同绘画艺术一样，注重表现力与感染力，尊重生命力与动感。例如云气纹的疏密飞扬、绣线的粗细浓淡、贴布工艺的延绵层叠、盘长纹与回纹的急速动势等等，给人以硬软、松紧、曲直、刚柔的激越灵动之感。童装中工艺技艺的表达更是充满无尽的想象力与创造性，处处显示出文化意识与生活特征交融的双重性，用积极的人生哲学诠释着儿童服饰这一优秀的艺术形式。中国童装艺术的语言表达是极具意味化的，她"以针代笔"，充分体现了中华民族悠久的文化底蕴。

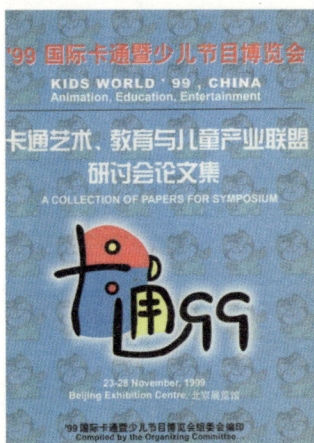

图注：由钟漫天与钟琦合作的论文《中国童装产业市场概述》发表在《服装科技》杂志 2000 年第 2 期和第 3 期中（连载），并被选入中国儿童少年基金会、中国教育电视台等单位主编的《卡通艺术、教育与儿童产业联盟研讨会论文集》中。

附录　中国童装产业市场概述

一、中国童装产业回顾

中华服饰文化史源远流长，曾在世界上获得衣冠王国的称誉，但在上下五千年的服饰篇章中却没有中国童装的专页。无一席之地的童装仅作为成人服装的"小尺码"，是大人服装的缩版，没有形成童装体系。直到 19 世纪中叶鸦片战争后，具备童装两个基本要素（符合儿童生理特征，满足儿童心理需求）的儿童着装，随着海外文化的输入，改变了我国童装的发展进程。但一直到 20 世纪中叶的一百年的时间，我国童装的设计、面辅料、饰件以及款式，仍旧以舶来品为主导。

新中国成立后，童装产业出现根本转机，全国各地纷纷发展童装业，不仅能设计、生产国内儿童喜爱的童装产品，还能加工童装远销世界各国。在现代服装行业中，童装产业逐步形成了完整的独立体系。

改革开放之前，童装企业以集体所有制形式一统天下，个别企业为全民所有制（国有企业），童装企业的设计、生产、销售，以计划经济为主。改革开放后，由于计划经济中诞生的童装业较难适应市场经济，国营、集体童装企业纷纷下马，乡镇企业、民营（个体）企业、三资（独资、合资、合作）企业及时补位。特别是三资企业来势迅猛，在 80 年代末期和 90 年代初期，以各种方式吸收外资的企业近百家。据 1996 年全国工业普查，全国颇具规模的童装企业共 910 家，其中三资企业就有 204 家，占总企业数的 22.5%，分别为：中外合资经营企业 34 家，中外合作经营企业 8 家，外资独资经营企业 11 家，村级三资经营企业 69 家，港澳台与境内合资 32 家，合作 10 家，独资经营40 家。

由于全国经济发展的不平衡，沿海开发地区的童装厂发展较快，生产企业互助形式多样，仅广东佛山市就有童装加工、生产的各种网点 1500 多个，童装总销售额占广东的 83%，占全国的 42%；浙江省湖州市仅织里镇就有童装加工网点 1000 多家，织里镇既是生产基地，又是销售基地，全镇相继形成 24 个童装专业村，总户数达 3560 户，从业人数超过 1.5 万人，童装销售摊位 2400 间，占地 10 余万平方米，镇上设有童装成衣市场，还设有为童装成衣服务的市场：童装辅料市场、童装面料市场、童装劳力市场与绣品市场，形成了当今中国最大的童装产业链市场，1996 年童装成衣市场销售突破 3000 万件，每日童装成衣市场销售额平均可达 15 万元左右，整个童装产业链市场年销售额为 50 亿元。

二、中国童装市场现状

中国童装销售市场是全国服装市场中最活跃的部分，也是各服装销售网点和大型服装商场的热点和灵敏点，表现了以下几个方面的销售特点。

（一）童装品牌繁杂

不同品牌的风格各异，形成童装款式丰富，规格众多，花色多变的特点，也是大型商场的销售旺点，如北京赛特商场童装组有品牌 40 多个，百货大楼将近 70 个童装品牌，燕莎商城儿童世界中童装品牌也达 40 多个，西单商场有 50 多个。国内品牌如迷你童（晋江）、大变身（北京）、金童王（上海）、织城（湖州）、风乐（河北）、小田田（泉州）、小金龙（石狮）、一休（宁波）、渔夫基础（汕头）、望子成龙（广东）、博士蛙（上海），等等。

（二）童装市场季节性强

节日期间童装市场敏感性强，突出了产品特征，特别是每年六一节和春节两大销售时段，童装业每年过两个"年"，"六一"为"小年"，春节为"大年"。如1996年春节前的北京，2月份西单商场的销售额为440.4万元，比1月份增长50个百分点，是1995年全年童装销售额的20.6%；赛特的销售额为178.2万元，比1月份增长42个百分点，是1995全年童装销售额的13.7%；双安商场销售240.4万元，比1月份增长53个百分点，占1995年全年童装销售额的18%；燕莎销售239万元，比上个月增长71个百分点，占1995年全年销售额的13.7%；蓝岛销售283.7万元，比1月份增长65个百分点，为1995年全年销售额的17%。

（三）童装价位高低分明

在各个商场已形成不同的最佳童装价位，各自拥有不同层次的消费者。如北京五大商场1996年按价位高低排列顺序为赛特—燕莎—双安—西单—蓝岛。赛特购物中心童装的平均价位为200元，名牌童装价位高到300元左右，到这里的消费者也乐意接受。燕莎商场儿童世界平均价位在130元左右，消费者品牌意识强，名牌可卖到200元，一般夏装100元，冬装高达200元。双安商场儿童用品部的平均价位80元左右，大众品牌的消费者居多。西单商场儿童服装部的平均价在 70 元，消费者热衷的大众货好销，夏装在 60 元，冬装可上 100 元。蓝岛商场童装部的平均价位是 65 元左右，夏装 40.5 元，冬装 90~100 元，消费者注重实用性。

时逾两年后北京市的童装市场调查结果表明：1998 年童装的平均价格为 85 元 / 件，其中 100 元以下的占总销售额 65%，100~200 元的占 29%，200 元以上占 5.7%；低档价位的童装占据了消费市场。

从全国各地的童装市场看，价格也是相对稳定在某个价位上。哈尔滨童装市场是以南方的产品为主，中高档产品价位在 50 元以上，中低档产品批发价 12.24 元。太原童装市场的中高档童装好销，价位在 50~100 元，国内名牌更看好，如一休童装可占中高档市场份额的一半。河北省城市中 100 元以下的童装最俏销，农村仍以 20 元左右的中低档品种为主，名牌童装可比普通童装高出 30%~40%。杭州市四季青儿童服装市场以中低档为主，价位 10.80 元。浙江义乌中国小商品城价位较低，10~50 元，以进口面料生产的带帽女童装仅 40 元左右。江苏常熟招商场价位 10~40 元，一件绣花涤棉女童衬衫仅 13 元。

（四）童装消费差别大

① 服装消费的档次与地域关系很大，从统计数字看，按地域可划分为沿海地区和经济特区、内地大中城市、小城镇、农村等 4 个童装消费层次，相邻层次之间的童装流行时间相差 1.5~2 年。

② 由于地区间消费水平的差异，中国的童装消费水平从东南部向

西北部依次递减。

③ 按消费档次不同可分成以下消费群体：名牌童装消费层占总人数的 0.6%；中档童装消费层占城市人口的 70%~75%，占农村人口的 26%；低档童装的消费群体占农村人口的 60%，占城镇的 25%。

④ 由于经济收入差异，各层次消费者结构不同（见下表，以北京、上海崇尚名牌的大城市为例）。

消费者类型结构表

消费者类型	北京	上海	家庭月收入
富豪型	1%	1.2%	10000 元以上
富裕型	12.3%	14.1%	5000~10000 元
小康型	20%	22%	2000~5000 元
温饱型	61%	56%	1000~2000 元
贫困型	5.7%	6.7%	1000 元以下

三、中国童装产品品牌

国内童装业的产品种类从工艺上分梭织童装和针织童装两大类，从性别上分为男童装与女童装，从年龄段分婴儿装、小童装（身高90~120cm）、中童装（身高 120~150cm）大童装（身高 150~165cm）等 4 大类。童装主要品种有：校服（包括队服）、童 T 恤衫、童夹克外套、童马甲套装、童裙装、童运动装、童牛仔系列、童衬衫、童裤、童毛衫、童防寒服，等等。在我国实行双休日以来，休闲童装异军突起。休闲童装主要讲究穿着舒适和独特的随意感，强调尺寸适度宽松，面料柔软舒适，色彩任意搭配，款式简洁清爽，服饰配套齐全。休闲童装深得家长与儿童的欢迎，市场销售日趋上升，苏州童装市场休闲服已占相当份额，各大商场设立了休闲专柜，苏州购物中心销量占整个童装的 50%，如名牌博士蛙、ABC、好好麦、小猪班纳等休闲童装销量占童装总量的 70%。

（一）中国童装产品品牌

在计划经济阶段，国内各大城市都有童装品牌，如广州梅花牌、青岛小鸭牌、杭州天使牌、武汉艳牌等，其中不乏全国优质产品，如济南珍珠泉牌童装曾获得全国儿童生活用品金鹿奖，长春春苗牌童装获部优产品全国第一名。但是在市场经济的大潮中大多数企业因不适应而退出童装业，比如北京市当时在童装市场颇具名声的熊猫牌、天鹅牌（北京童装厂）、红山茶牌、苹果牌（北京第二童装厂）、红婴牌、雪梅牌（北京第三童装厂）在市场竞争中销声匿迹。与此同时，适应市场变化、符合现代儿童的品牌却越来越强。宁波一休集团公司是目前国内最大的童装企业，生产以光头小和尚为图案的一休牌童装，公司占地面积 4 万平方米，建筑面积 3 万平方米，1996 年完成利税 5000 万元，集团公司由专业童装分厂、赛云被服公司、化工公司等组成，年产童装 600 万件，全国分布 15 家分公司、1000 多个销售网点，在捷克、阿联酋设了两个海外分公司，在欧洲开设 6 个专卖店，1996 年童装出口额达 316 万美元，其产品定位为"新颖的款式、中档的价格、上乘的质量"。以头戴博士帽小青蛙为商标的博士蛙牌童装由上海荣臣集团生产，是上海名牌产品中唯一的童装产品，1996 年成立博士蛙儿童系列产品有限公司，至 1999 年累计销售收入达 4.95 亿元，实现利润 2076 万元，出口童装创汇 2000 万美元，已在全国开设 200 家童装专卖网点。

1995 年由国内贸易部、国家经贸委、电子工业部、中国轻工总会、中国纺织总会、国家技术监督局、中国消费者协会联合举设"金桥奖"，获奖童装品牌计有：一休牌（宁波）、红孩儿牌（晋江）、野豹牌（石狮）、小霸王牌（晋江）、志新牌（佛山）。在 1997 年全国百家大商场推荐市场畅销商品活动，推荐童装品牌有：一休牌（宁波）、小霸王牌（晋江）、小田田牌（泉州）、红孩儿牌（晋江）。

（二）中国童装产量、销售量

我国童装产量与全国服装生产总量的比例大致 1:18—1:20，即童装产量占服装总量的 5%~6%。童装产量在近几年与服装总量同步递增，1996 年底计童装为 5.48 亿件套，全国服装产量为 90 亿件，童装占总量 6%；通过海关正常贸易的童装，进口 4783 万件，出口 2085 万件。

童装产品销售额与服装总销售额的比例一般为 1:5~1:8，即童装销售额占服装总额的 15±5%（见下表）。

童装销量与服装总销量比较（单元：万元）

年　份	童装销售量	服装总销量	备　注
1995	1249.15	5370.22	全国 80 家大型商场
1996	1032.92	4889.34	全国 80 家大型商场
1997	1199.21	9799.9	全国 100 家大型商场

童装销售的几个特点：

① 在全国大型百货商场，童装销售是由服装销售总量牵动的。

② 在全年销售中，童装销售量突出在六一节前的五月份和春节前的一二月份。

③ 童装产量为服装总产量的 5%~6%，而童装销量却是服装总销量的 15±5%，因此在服装品类中，童装属畅销商品。如 1996 年全年童装生产量为 54818 万件，而全国 80 家大型商场就销出 1033 万件，几乎为总产量的 1/50。另外，从批发市场量化分析，国内童装商品库存积压是有限的。

（三）中国童装市场中的海外品牌

改革开放后我国城市居民的生活消费结构改善，恩格尔系数下降，已经进入国际上认可的中等生活水平，正当对童装的需求趋于多元化、多品牌、高质量之际，海外童装品牌不失时机地进入国内大中城市，这些"洋"童装虽然在价格上普遍比国产童装高出 20%~200%，却颇受消费者的欢迎，并已达到与国产品牌平分秋色的地步。

　　首先进入中国的国外童装品牌是法国"皮尔·卡丹"，20 世纪 80 年代进入中国后到 1996 年，其品牌知名度以 36.24% 居中国市场第二位。皮尔·卡丹童装系列的品牌战略是"无科学，无童装"，把科学的着装献给中国儿童，并且把儿童服装与中国的"优生、优育、优教"政策结合起来。皮尔·卡丹不仅给中国童装业刮进了一股旋风，同时把儿童着装的新理念带进童装市场，其专营店遍布全国 20 多个大城市。由于皮尔·卡丹的巨大成功，20 世纪 90 年代以来，海外知名品牌开始瞄准中国市场，1992 年邓小平南方讲话以后，掀起了海外童装品牌涌入的序幕，特别是 1993 年江泽民接见皮尔·卡丹、瓦伦蒂诺、费雷等世界级服装大师，形成了一个海外品牌进军中国市场的高峰期。目前在童装市场颇有竞争力的海外品牌有：米奇妙（MIKEY MOUSE 美国）、瑞玛·图塔（REIMA TUTTA 芬兰）、史努比（SNOPPY 美国）、可来旺（CRAVON 台湾地区）、ABC（台湾地区）、吣嘟（台湾地区）、巴布豆（BUBDOG 日本）、鳄鱼仔（香港地区）、小明星（BONJOUR 香港地区）等 30 余个。

　　海外童装品牌在各大商场中都获得良好业绩，比如北京赛特购物中心 4 层的儿童服装城设有专柜 70 多个，销售最好的是海外品牌，计有皮尔·卡丹、米奇妙、巴布豆、鳄鱼仔、丽婴房、可来旺。这些海外品牌成功的原因大致分析如下：

　　① 卡通效果强，紧紧抓住儿童的审美心理。图案活泼、夸张，色

彩鲜艳，休闲性强，比如使用了米老鼠、奥特曼、史奴比、巴布豆等儿童非常熟悉的卡通形象，在款式上设计新颖独特，潮流感强，具有视觉冲击力的形象宣传，获得了家长和孩子的从知。

② 款式多、品种全、选择余地大。海外品牌几乎把童装开发成无所不包的程度。仅以秋冬为例，就有各类 T 恤、牛仔外套、薄厚毛衫、长裤、套裙、背心、毛料套服、大衣、防寒服，甚至棉裤，一应俱全。面料大都采用吸湿性、透气性、柔软性和保暖性强的材料，如棉布、绒布弋涤棉布、灯芯绒。海外品牌同时注意童装服装饰的搭配，产品自成体系，从里到外、从头到脚、从居家到上学，所有的儿童系列用品应有尽有。

③ 海外品牌极善销售术，最常采用的是专卖店或店中店，在店堂布置上注重与童装风格相吻合的专卖店形象，统一的装潢模式和商品陈列，可在大众心目中树立明确的品牌形象。海外品牌通过童装服饰文化交流为桥梁，配合强大的宣传与公关攻势，以展示童装 CI 设计、陈列童装方式与灯光色彩最佳组合，全方位体现品牌风格，以强烈的视觉效果刺激诱发家长和孩子的购买欲。

四、中国童装主要问题

在海外童装品牌进入中国市场后，相比之下中国童装显得疲软，至今国内没有一个童装品牌能与之抗衡，在众多的国产品牌中多数无大建树，分析其主要问题大致如下。

（一）童装产品结构和消费结构的矛盾突出

在童装市场上多数产品雷同相近，款式花色平平，规格不全，尺码断档严重，激发不了消费者的购买欲。主要矛盾为：

① 童装产品互相抄袭，"克隆"现象使产品底气不足，大型企业抄袭欧洲发达国家的童装，中型企业抄袭香港、广州等地产品，大量小企业去"克隆"沿海城市和大、中企业的款式，这样不仅使各企业产品受损，也使童装市场鱼目混珠，优劣掺杂。

② 大龄童装市场发展滞后，童装号型系列中 12~16 岁的、身高 150~165cm 的大童长期断档，号型比例失调。由于利益驱动原理，很多童装厂和服装厂不屑生产大童服装，因大童的用料和制作与成人装几乎一样，而利润却很少。一般来说国产的西服、女装利润率为 22%，衬衫为 19%，羽绒服为 12%，童装仅 10%。大童的利润率不到 5%，大童消费往往是个头长得小一些则买中童服装凑合，身材较高则买成人服装或者用运动服代替，不乏有儿子穿父亲的，女儿穿母亲的服装。

③ 价格偏高使工薪阶层咋舌，国产小马甲 60 多元，牛仔裙要 100 多元，而一海外品牌至少是国产品牌的 2~2.5 倍，有的甚至更高，如 1997 年 3 月在北京举办的马可·波罗之行展览会上，一件儿童西服 1000 多元，一件半岁女孩纯棉泡泡纱无袖连衣裙 780 元。在北京市，一件涤棉面料、纯棉里料的儿童防寒服价格，国内品牌起码在 100 元以上，海外品牌最高能接近 600 元（见表）。

1997 年北京童装市场防寒服价格

品　　牌	巴布豆	米奇妙	史诺比	ABC	红孩儿	小霸王
单价（元）	598	480	325	172	170	100~140

（二）严重缺乏设计人才，款式创新意识差

由于设计无法领先，致使国内童装厂没有一位出名的童装设计师。很多服装设计师也认为童装季节性强，而时代感却很弱，各项大赛活动中女装、男装设计师大出风头，而童装设计属"小儿科"不易出名，致使童装企业留不住设计人才。一般企业被迫采用拿来主义去拼凑新款，企业设计开发新产品一直停留在模仿的水平上，缺少既有民族特点又具有现代流行的新产品。童装市场上千篇一律的面孔缺乏童趣，有的企业干脆把成人服装比例缩小，儿童穿上后一派小大人模样。国内专业童装研究机构几乎没有，对国内外市场的童装的流行色、流行款式没有专业技术人员花心思研究发布，基本上奉行"跟着市场感觉走"的亦步亦趋的被动策略，缺乏开拓市场、领导潮流的一批童装设计人员。而国外每年至少发布两次童装流行趋势，有专业童装书刊和著名童装设计师。

（三）童装质量不过关

假冒海外品牌和国内名牌现象时有发现，企业生产规模上不去，造成产品质量不稳定，规格型号混乱，洗涤标志不全，原料成分不清等很多严重质量问题。国家服装质检中心每年对童装的质量抽查（见下表）反映出童装质量水平较低。

童装质量抽查

抽查时间	抽查童装企业数	童　装品牌数	合　格企业数	产　品合格数	产　品合格率
1995 年 4 季度	194	206	160	172	83.5%
1996 年 2 季度	197	203	146	151	74.4%
1997 年 2 季度	64	69	51	55	79.7%

从抽查结果看，大型童装企业质量明显高于中小企业，一些规模小、技术力量薄弱、生产设备落后的童装企业，质量意识差，工艺不健全，出现的主要质量问题为：

① 质量差，破损、脏污，包缝毛漏，底边不平服。

② 面辅料配伍不合，致使黏合衬起泡。

③ 成品检验不严，质检制度不全，造成丢工。

④ 无号型、无商标，操作责任心不强。

（四）童装面料开发不力

新工艺、新材料、新品种的面料缺乏，国内纺织业很少为童装生产专用面料，大路货面料只能生产"大路货"和中低档童装，花色品种单调等因素，制约了童装的快速发展。厂家往往采购水货或者组织纺织厂定织定染。童装面料具一定的特殊性，比成人服装在舒适、柔软、轻盈、防撕、耐洗等方面要求更高，花色图案要求简洁、宽松、活泼、新奇。海外童装十分重视面料开发，虽然都用国产原料，但是织造与后期处理不同而拉开了面料的档次，如米奇妙的腈纶毛衣，可来旺的毛毡小大衣，巴布豆、吡嘟的毛涤上衣等，都表现了良好的手感、鲜亮的色彩。特别是近来童装朝休闲方面发展，更需要吸汗、透气、刺激性小的柔软面料。

五、中国童装发展前景

（一）童装具有庞大消费群体

少年儿童是童装消费主体，据人口普查资料，我国 18 岁以下人口约 4 亿，占全国人口的 1/3，16 岁以下儿童约 3 亿，占全国人口的 1/4，14 岁以下儿童约 2 亿，占全国人口的 1/6，独生子女占总人数的 34%，基于这一中国国情的大背景，童装市场的生命力经久不衰。

"孩子的衣着，父母的脸面。"中华民族传统的惜子、爱面子思维方式，儿童在家庭中地位和童装的消费持久发展。通过对北京、上海、广州、武汉 4 大城市 7~12 岁儿童调查表明，1996 年儿童对家庭消费的决策权平均影响力达 40%，在消费方式中儿童还亲自同大人或独自到商场消费。报告指出在一个星期中，有 7 天儿童同家长或自己单独购物行为占调查总数的 21.2%，到商场购物 5~6 天的占 20.5%，3~4 天购物的占 21.6%，一星期仅去购一天物为 25.4%，而购物不到一天的占 8.7%，从来不购物的占 1.2%。儿童在家庭全年总消费中决策权越来越大，购买服装时儿童最低限度的决策权比重也要达 34.3%。20 世纪 90 年代中期，儿童消费调查资料表明，被调查家庭在每个孩了身上年花费总值中童装占 16%，平均消费为 522 元（见下表）。

儿童消费项目结构

支出项目	总额（元）	占全部支出（%）	均值（元）
童装	107070	15.6	522
食品	283335	41.2	1362
书籍	78650	11.4	348
玩具	60395	9.0	278
娱乐	107970	15.7	504
总计	687098	100	3261

（二）童装拥有潜在购买力

童装产品从年龄系列分，从 0~16 岁的服装可分为婴儿、幼儿、小童、中童和大童 5 类，从性别分为女童、男童，从功能分为外衣和内衣，从季节分为春、夏、秋、冬装。从当年童装市场调查表明，从年龄系列上奇缺大童装，即 12~16 岁的少年装，规格失调；从性别上女童装远远多于男童装；从功能分外衣内衣差别巨大，外衣琳琅满目，而儿童内衣却不尽如人意。据业内专家分析，完整的童装产品结构应从 0~16 岁少儿各种尺码均要满足，每种规格最低需 4 种色彩、4 种款式供选择，再按春夏秋冬四季分明，至少要具备 1024 套童装尚能基本满足需要。

全国 16 岁以下儿童 3 亿占全国人口的 25% 左右，但目前童装市场仅仅占全国服装市场份额的 10%，缺口甚远，具有较大的潜在购买力。据有关部门在北京、上海、广州、成都、西安中国五大消费先导城市进行童装调查，很多消费者，由于国内童装满足不了消费要求，而不得不转向海外品牌。这 5 个城市平均每月消费进口洋童装为 1.97 亿元，即使北京这样一个国内外童装品牌云集的大都市，消费者每月也要支付 0.8 亿元人民币购置进口童装，拥有国内一批童装名牌的上海市场每月也消费 0.5 亿人民币购买国外童装。这种以进补缺的市场态势，显示了我国童装消费的巨大潜力。童装专业人员在对我国童装市场分析中发现童装主要品牌占领市场的份额还不到 30%，这说明还有 70% 的童装市场，需要我们去开发。

（三）童装企业进步产业发展

我国童装市场的份额由改革开放前的全民企业、集体企业逐渐被乡镇企业和三资企业所代替，全国童装市场份额分配呈现几个特点：

① 沿海省份和大城市童装企业市场份额占 95% 以上，远远大于内地。

② 三资企业发展迅速，虽然企业比重不到 50%，但因设计、信息、销售等优势，使童装产品在全国市场份额几乎占到 50%。

在市场份额中地位领先并稳定发展的国内外代表企业是：国内企业为宁波一休集团公司，产品是一休童装；国外企业为美国迪士尼公司，产品是米奇妙童装。

榜上有名的童装企业共同的特点是名牌意识强，重视设计，保障质量，并且在加工设备、缝制技术、操作工艺上不断求新。这批童装企业在市场经济中，为了加大竞争力，首先抓了设计和设备两大主要课题，使自己的童装产品占据了市场的份额。比如全国百家商场销售第一名的浙江宁波一休童装厂，为提高产品的技术含量先后投入5000多万元技改资金，购置了具有国际水平的现代化设备，20台电脑刺绣机，大型水洗机和国际先进的HP定型设备共200台。在硬件改造后，一休集团又着手设计师的培养，成立了国内企业最强的童装设计中心，从而成为国内规模最大的童装企业。一休集团2000年的销售目标是20亿元。

江苏扬州摩骑童装厂为了解决产品设计问题，也成立了企业童装研究所，培养了一支26人的专业设计队伍，他们加紧技术改造，引进先进设备、工艺，主要设备已达420台套，现有年产120万件规模，销售已列入全国销售十大品牌中。

上海荣臣集团1996年成立了上海博士蛙儿童系列产品有限公司，成立伊始便以全国童装设计大赛的方式，发现、收集了一批优秀的童装设计人员，使其短时间内在全国各地开设专卖店200多家，每个季节推出20多个组合、60多个不同的款式，实现利润2000多万元，成为上海童装销售的"第一品牌"。

童装需求及规模的发展依赖于以下几个因素：

① 纺织服装业的大行业趋势；

② 儿童的数量，人口变化状况；

③ 消费水平的提高和生活质量的升级；

④ 童装与成人装生产比重的变化；

⑤ 内地及边远地区改革开放的步伐；

⑥ 童装市场的建设和家庭收入增长。

我国服装行业权威机构根据以上各方面的趋势评估和科学预测，未来的发展以 8±2% 的速度增长，2000 年的中国童装需求量与规模为 8 亿件，2001 年 87 亿件，2002 年 9.5 亿件，到 2003 年将达到 10 亿件。

六、中国童装产业战略

从总体来说，在 21 世纪实现现代化建设第二步战略目标，即 12 亿人口的生活达到小康水平，在下个世纪服装业仍然肩负繁重的历史使命，国内城乡对童装的需求将形成当今世界上最大量级的市场，承担世界上儿童最多的国家的童装问题。为了使我国童装市场向中高档、时尚化、个性化和舒适性方向发展，必须调整童装业的结构关系：

① 童装研究、设计、信息与生产的关系。

② 童装面料、辅料生产与童装加工的关系。

③ 童装专用设备和服装发展的关系。

④ 服装生产与服装销售的关系。

为了解决好在世纪更替的历史关头带来的实际挑战，重点讨论下面几个童装发展战略。

（一）童装产品的全方位拓展战略

这是童装销售中的立体开拓，童装设计已逐步超脱着装本身，不仅仅是设计传统的衣和裤，而是把许多家长都想不到的细节在童装产品中充分考虑到，并恰到好处地解决了，这就是创造儿童时装的新概念——系统工程。

① 品种系列全。从0岁开始有新生儿系列（包括蜡烛包、睡袋、睡袍、枕头、浴具），有婴儿用品系列（包括尿布、奶瓶、披风、童毯、肚兜、浴床、衫、裤），有幼儿用品系列（时装、帽子、腰带、袜子、鞋子、杯子、餐具等），有学龄儿童用品系列（包括校服、队服、休闲服、鞋、帽、书包、铅笔盒、毛绒玩具、牛仔等），另外还有中学生服饰用品系列、儿童运动用品系列等。

② 在童装产品配套中要有相适应品牌配合，比如在米奇妙品牌中就有米奇牌男童装、男服饰和米妮牌女童服饰配套，及唐纳（男套装）、黛丝（女童装）配套，使一个品牌从内到外、从单到棉、从女到男，达到时间、空间上的延续。

③ 面料配套，特别是针织、梭织不同面料在不同部位的应用，在上衣下裳中可运用系列面料，如牛仔、灯芯绒、健康布、罗纹布、剪毛绒等等，注重辅料配伍，要求穿着舒适、贴身。

（二）童装的科技发展战略

儿童服装一向被人们认为是"花季"式的装扮，考虑"艺术"方面的较多，从发展战略上考虑，童装应该走技术加艺术之路，因为童装本身不仅是"护童"的作用，更重要的是"育童"，这样无论从安全、保健、教育角度出发，都必须加大科技含量与设计内功。应运而生的中国童装中心，依托湖州织里童装市场展开了一系列的全国性活动来增加童装科技、文化的内涵。童装中心策划并主办了全国首届童装博览会、全国首届"织里杯"金色的童年为主题的童装设计大赛；首次在全国征集优秀童装商标，为创立中国童装名牌实施名牌战略；在国内第一次推出中国自己研究的 2000 年童装流行趋势；并组织童装企业赴美国参加国际童装博览会，尽快缩短与国际童装业的差距。童装科技发展方面将要关注以下几个重点课题。

1. 顺应"三型""三化"发展趋势

从童装款式设计的发展趋势和需求趋势来看，优质、实用、价格中档的童夹克、牛仔、裙装、宝宝服将是童装市场销售主体，市场前景广阔，有关专家认为今后我国的儿童服装应向"三型""三化"方向发展。

三型：

① 智力开发型。在童装上印制外文、汉语拼音、数字等有关智力开发的文字与图案。

② 运动健康型。设计制作小运动服，以及各种休闲服，小登山服，小教练服，小太空服等，同时可印刷体育、武术等图案，发展具有健康功能的内衣。

③ 趣味欢快型。在衣袋、胸背处印制童趣、童乐的各种卡通图案。

三化：

① 时装化。按不同季节设计各式应时童装，造型新颖，线条清晰，富有时代感。

② 系列化。除了简单的上衣下裤外，还要设计内衣及组合裤、多用装、功能装、变体装等等。

③ 礼品化。设计精品包装，便于携带和送礼，可包装成卡通外形，在包装上注明面料及使用特征。

2. 开发功能性童装

积极开发新型化纤面料，把童装带入全新境界，化纤与其他纤维混纺，再经特殊后整理，不但色泽鲜艳、富有弹性，还可以加入调节儿童人体机能的成分，使其具有保健、除臭、防撕裂等功能，让纺织新科技为童装带来新的增长点。

为了保证儿童酌安全，童装色彩不仅要独特、鲜艳，还要表现警示作用。由于少年儿童发生的交通事故占全国交通事故的43%，在白天儿童身影要尽早让司机发现，更重要的是在夜间能有色彩的发光反应，足以在较远的距离实施躲避，保证安全。

以环保意识，顺应国际潮流生产绿色童装。纯棉、麻、丝等天然材料在童装中必大行其道，特别是婴幼儿皮肤娇嫩，倍受婴儿青睐。天然材料不仅是环保衣料，而且具有手感好、吸水性强的优点，尤其适合活泼好动的儿童穿。

3. 加大童装的科学研究经费

这是企业生存和品牌发展的先决条件之一。据统计，国外服装企业新产品开发经费占企业产品销售收入比重为：美国企业平均为3.1%，日本企业平均为2.8%，而中国平均只有0.7%，比外国企业低2~3个百分点。按国际上统一指标推算，新产品开发费销售收入1%的服装企业一般难以生存，占2%的企业仅能维持，占5%的企业才能在同行业中具有竞争能力。

（三）童装的名牌发展战略

由于至今中国没有师出有名的童装设计师，在童装业中创名牌保名牌的意识差。一旦某个品牌具备了自己的设计师，将会在童装行业中出类拔萃、鹤立鸡群，这是应用了名师出名牌、名店卖名牌、召厂产名牌的互助互长策略，反过来名牌捧名师，名牌撑名店，名牌养名厂，使该品牌能在童装行业中树立设计、销售、生产的威望，使品牌的文化内涵更加丰富，在创造名牌的时间和费用上都可大大缩减。对童装名牌的策划方案应充分利用中国童装市场现有的崇尚国外品牌的倾向，从国外嫁接一个童装牌子，或者在国外注册一个国际品牌，然后到中国进行宣传扩张，以专卖连锁的亮相形式让消费者对其实力和品位认可。同时对著名设计师广泛宣扬，并收购条件好的加工工厂，把名牌机制贯穿到名师、名店、名厂的培植中，使"四名"形成一个有机整体。

中国是个服装大国，在国际中获得"服装出口量、服装产量和服装创汇额三冠军"的称号，但是童装生产与销量却在国际童装名牌进入大陆后节节失去市场，而且目前欧洲已有 80% 的服装商在制定进入中国市场的战略，并有 63% 的企业期望到大陆来成立合资企业，对中国童装市场抱有极大的兴趣。为了向洋名牌叫板，创建更多的中国童装名牌，我国童装产业施行"名牌战略"的要求是"加快由量的扩张到质的飞跃的速度"，强调所有的童装企业尽快缩短两个差距（品牌知名度不高、产品质量不高），总体提出了"质"的变化，从"粗放型"生产改变为"开发型"生产，要求各企业在市场竞争中不断"转轨变型"。

在计划经济转为市场经济后，原有管理体制已改革，各地应建立新型的符合市场经济的行业指导研究组织，将童装产业的科技发展，各牌战略，与国家的"科教兴国""优育优教"等基本国策结合起来，尽快赶上世界先进国家的童装水平。

后　记

在中国服装发展史中，儿童服饰内容大都是在成人服装后面捎带一提，至今尚未形成一个完整的童装文化体系。本书试图大胆尝试一下，尽可能全面认知童装文化。明知本书粗浅，且夹瑕疵，但作为引玉之砖，能恭候指教，已感慰藉。

本书之所以敢于亮相，源于对传统童装几十年的搜集与收藏。针对手中的各种形制的儿童传统服饰，首先"照衣画样"，再者"观纹识图"，后之"读图见俗"，直到提笔涂鸦。在十多年写写擦擦的舍取中，深感童装文化的渊博。在此期间，有幸担任了建立浙江湖州"中国童装博物馆"的总策划工作。因力有余而"心"不足，便大补特补并升华不足之境界。中华民族老祖宗遗存下的童装民俗文化，内涵深奥而又时空宽泛；有形与无形，具象与抽象，形式与寓意，非遗瑰宝皆须强补。时至今日林林总总的认知终于集腋成书。为了迎合当前的读图时代，秉承非遗的传播方式，本书尽力多用直观的图片展示，以便达得雅俗共赏的期望值。

衷心感谢一贯支持并共同探索、研究中国童装文化的中国服装研究设计中心童装分中心常务副秘书长王英女士，江西服装学院副理事长，北京市仁爱慈善基金会理事长涂顺强先生，浙江理工大学服装学院博士冯荟女士，中国童装博物馆专家马刚先生。一并致谢"江西服装学院"和"山西平遥晋福祥鞋业公司"。